U0096454

THE SECRET OF CALLING ON AMERICAN RETAILERS

OPEN

進軍
美國零售通路
的祕密

陳坤廷 **Steven Chen** 著

商品賣到美國不是夢！
工廠老闆、業務人員的必備寶典！

這本書

獻給我的牽手、我的女兒和我的母親

她們是我這一生中最重要的三個女人

序言

　　從心理學角度來看，人們關注負面的訊息往往遠高於正面的訊息，無可否認此為人類的天性，或可稱為原始的本能，開始先想著可能會面對的危機四伏，再進而觀察獲取獵物的機會。生意場上更是如此，人們習於花很多時間看負面的消息，卻沒把時間用來觀察正面的事情，因此也喪失了更多的可能性。舉個例子來說，當我跟工廠老闆談到進軍美國零售通路的時候，工廠老闆負面的思維更加的明顯。還沒有開始想要怎麼做，就一嘴先把自己淘汰了。很多老闆會想出各種理由來說他為什麼沒有辦法直接進軍美國零售市場，20年來，我聽得理由夠多了。最常聽到的有：不認識買手、溝通會有問題、市場的知識不足，還有不清楚美國的文化……等等。對我來說，這些都不是好的理由。

　　所以，我寫這本書的初衷即是希望幫助所有想要進軍美國零售通路的工廠，不論你是工廠老闆、業務經理、業務員，甚至你可能還是個在念大學的學生。我要讓大家知道，打進美國零售通路是有方法的，只要你想要，一定可以做得到，而且每個人都有實現這機會的可能性！

　　從微觀的細節到宏觀的作法，此書將分享給你如何進軍美國通路的所有知識。和美國零售通路做生意其實不是什麼高難度的事情。你只要相信自己，把時間投資在自己身上，做足功課，你就可以大展身手直接跟美國零售通路的買手談生意。和做任何事都一樣，唯有主動邁出行動，才是成功但

不二法門。如果你正在讀這本書，恭喜你！表示你已開始行動，比大部分人更有可能捷足先登這個市場。而本書的目的即是希望能幫助你將生意提升到更高一層的境界！

我寫這本書的時候，全世界正經歷COVID-19新冠病毒的肆虐，相信不少人以負面及悲觀的角度來看待這個病毒。但這次的危機也提供了人們一個思考的機會。我認為接下來各行各業一定會有新的方法來迎接新的生意型態。對製造業者來說，此刻正是很好的準備機會，善用本書來提升生意水平。對於美國零售通路買手來說，沒有比牽著供應商的手一步一步做生意更煩人的事情了。這本書可以幫助很多製造業者成為美國零售通路的好夥伴。我知道在亞洲很有很多工廠生產很多優質的產品，可惜他們沒有和美國通路直接合作的經驗，直白的說就是很會做但是不會賣。另一方面，美國的零售通路買手也想找優質的供應商。

這本書不只是寫給毫無經驗的業務拓展人員，如果你已是生意人，這也將會是一本幫助你業務加速成長的書。當你仔細思考此書所討論的內容，再隨之應用到你的生意上，就會發現效果倍增——除了體驗學習的樂趣與個人的成長，生意上也勢如破竹。

由衷希望這本書成為你最好的投資。也期待未來有機會能與你面對面交流，聽聽你生意上的故事。如果想要更多資訊，請到我的網站。（coachchen.com）

祝福你！

陳坤廷 *Steven Chen*
美國阿肯色州，2020 年12月

目　錄

前言

金字塔頂端的2%

　　你可以成為這2%的人！其實，和美國零售通路直接交易沒有想像中那麼難。再者，大部分的人並不會思考如何提升技巧和能力，所以你的競爭對手並沒有你想像中那麼強。只要注意並遵循本書章節裡所教的內容，你很快就能在生意上超越你的競爭對手，成功將指日可待。大部分大學或商學院裡所教授的大多為籠統的商業概念，如果授課者沒有零售實戰經驗，當然也無法教授如何和零售通路打交道。因此，在亞洲的製造行業裡面充斥著很多對美國零售通路的一些錯誤觀念，主要的錯誤觀念歸納起來有下列六大類：

錯誤觀念#1：需要一個當地美國人來幫你做業務。
錯誤觀念#2：零售通路買手只會在特定時間和供應商見面或評估商品。
錯誤觀念#3：美國主要零售通路收款麻煩且付款期無法協商。
錯誤觀念#4：你在當地必須擁有一個倉庫才能跟主要零售通路做生意。
錯誤觀念#5：和美國主要零售通路做生意賺不了錢。
錯誤觀念#6：零售買手決定所有的行銷計畫和策略。

　　只要推翻以上錯誤觀念，你就已經成功一半了！接下

來，讓我們依序來審視這些錯誤觀念，希望這能帶給你更深一層的省思。

錯誤觀念#1：
需要一個當地美國人來幫你做業務

這是零售業裡最大的謊言。美國主要零售通路商大部分都是上市公司，若只針對某特定族群合作生意，一不小心就會被扯上種族歧視。這對上市公司來說是大忌，所以儘管買手本身有其偏好，也沒有人敢大剌剌地講出來。找當地美國人來做業務的說法，根據我的經驗，莫非是在亞洲一些比較沒有經驗的工廠老闆們以訛傳訛的結果。一般美國零售通路的買手對自己的目標非常清楚，那就是跟可以幫助他們達成目標的供應商合作。當然，你得先問自己是不是可以協助這些買手們達到他們的要求。無可否認，對講母語和有共同文化的業務來說是有一點點優勢，但如果這些業務沒有辦法提供買手達成他們目標的資訊，語言和文化的共通性反倒幫助不大。很多亞洲業務在面對美國買手時會對自身的英語能力沒有信心，但近幾年來，我發現其實美國買手滿喜歡跟亞洲業務交手，甚至有不少買手覺得亞洲人講有口音的英文很酷。英語發音準不準確比起生意上的內容彷若輕如鴻毛，最重要的是你有沒有對你的生意和會議內容做充分的準備。我認為會談前充分的準備是大部分亞洲供應商值得省思的一件事：是否充分排練過？有沒有對所有可能面對的問題或情勢評估過？我想這對很多亞洲業務來說答案是否定的。很多人

以為把自己放在買手面前生意就可以談成。但當買手問一些比較深入的問題，自己卻無法妥切的回應時就把責任推給買手，事後再抱怨這個買手太刁難。有名的UCLA籃球教練John Wooden曾經說過「Failing to prepare is preparing to fail」，這句話看起來很簡單，但是很多人卻忽略了當中的精髓。人們總習慣為自己的準備不足編理由，最容易的方式就歸咎於不是美國人所以買手不想合作的說法，所以千萬不要讓自己陷入這種未戰先敗的思維裡。

錯誤觀念#2：
零售通路買手只會在特定時間和供應商見面或評估商品

　　其實這無非是買手不想和你見面所編出來的理由，或從沒經驗的業務員口中說出的結論。但這些都不是事實。零售業買手們有個熟知的名詞叫「Open to Buy」，就是公司給買手一筆數目去買產品，買的產品只要超過這一個數目就不會超出公司的預算。重點來了，一般買手都會保留一點預算買一些即時性的特殊產品，但如果買手沒有多餘的預算，又碰到產品非常好或價格漂亮得必須馬上買的情況下，買手就會尋求老闆的支持。也就是說如果剛好碰到某個產品可能會對他們的銷售業績或獲利有重大幫助的時候，買手隨時都可以和供應商見面的。甚至，如果是市場上很搶手的產品，即使超過買手的庫存預算，買手也還是會照樣買單。至於超出的數字只要在一段時間內（通常三個月），把庫存數字帶回原來的預算範圍裡即可。這種操作方式在美國零售業內部是很

常發生的。所以，如果你的產品夠好，並有充分的準備回答為何你的產品可以幫助買手的業績提升市占率，在任何時間和買手約見面都不是問題，畢竟和供應商見面和了解市場資訊是買手的主要工作之一。

錯誤觀念#3：
美國主要零售通路收款麻煩且付款期無法協商

如果我一直住在台灣沒有搬來美國，或許我也會相信美國主要零售通路很難收款。但是，在美國的零售業前後工作了20幾年，我確定這問題跟其他問題一樣，也就是和業務人員的能力有關係。直到今天，我們偶爾還是會聽到很難收款這類的抱怨，但對於在零售業內部工作尤其是新進同事來說，會覺得這種說法莫名其妙，因為大家很清楚至少我們公司付款不但非常快速而且精確。好笑的是，我竟然也從一些從來沒有和我們公司做過生意的台灣廠商口中聽到這種說法，廠商也是從別人那裡聽來的，而這個「別人」也不知道是誰。

再來談談付款期限。我在教商業談判時（在後序的章節會提到），會建議學員們不要主動提出付款期的話題。這是一個很重要的策略，也是運用沉默力量的一環。有些零售通路可能不想賦予買手這項權利，就會直接跟買手說付款期限無法更改。其實和價錢一樣，付款期是可以協商的。假設買賣雙方信用度都沒有問題，其實付款期只是由誰來負擔銀行的利息而已。如果零售通路堅持不能協商付款期，也就表示

產品對他們的吸引力不是那麼大。重點是，業務人員永遠不要問：「請問付款期是可以協調的嗎？」這樣的問題正好給買手有機會回答：「不行！」並間接地傳達了一個訊息給買手——付款期對你非常的重要，之後買手有可能會利用付款期來交換更低的產品價格，最終有可能付款期如你所願，但產品的獲利卻降低很多。我們在之後的商業談判章節裡會談到更多細節。

錯誤觀念#4：
你在當地必須擁有一個倉庫才能跟主要零售通路做生意

　　大部分美國零售通路都有能力自己從亞洲進口產品，且不只局限於大品牌的零售通路商。我曾經有一個客戶的全國店面雖然只有不到20家，也常常自己從亞洲用貨櫃進口產品。是否在美國需要一個倉庫，其中一項原因與產品尺寸大小有關。如果你的產品尺寸偏小，表示客戶進口一個貨櫃量的產品對他們庫存高低起伏太大，如此他們就會傾向從美國國內的倉庫取小量的貨。當然，客戶也可和別人合併貨櫃進口小量產品。對一般零售業者來說，如果自己進口可以降低成本，他們還是會去做。所以供應商要知道的是客戶一次進貨之後產品需要賣多久，零售通路大量進口或許可以降低成本，但是庫存管理費用和資金投入也相對地提高，這也是他們選擇不直接進口的因素。當然，在美國有一個倉庫可以提供給客戶多一項服務，但是這不是美國零售業者的要求。甚至，有一些零售業者為了向供應商們展現他們的能力和規

模，也會刻意地從亞洲自己進口產品。所以，我們可以把在美國當地設立倉庫當成是對零售商的一項服務，但不是與其合作的必要條件。

錯誤觀念#5：
和美國主要零售通路做生意賺不了錢

這句話已非老生常談，甚至我在台灣的電視節目上也時有所聞。但是在我看來，這無非又是一個不專業的從業人員為無法達到業績而編織出來的理由。我們只要上網查便知道美國的主要零售業的購買力是很驚人的。比方說，工廠老闆們心目中的大客戶Walmart（我的老東家）有超過4,000家店，如果說都賺不到錢，在Walmart採購時，還會有那麼多工廠在外面排隊等著跟買手見面嗎？有些業務人員以為只要降價就可以拿到生意，所以降價就成為他們做生意唯一的策略。然而，要把產品打入美國的主流零售市場因素有很多，價錢只是其中之一。雖然各行各業情況可能不同，但是我可確定的是主流零售業買手幾乎不會買最便宜的產品，畢竟大部分最便宜的產品質量堪憂。俗話說殺頭的生意有人做，虧本的生意沒人做，如果真的賺不了錢，何必再繼續做下去呢？本書之後就會談到獲利的部分。我要讓大家知道，有很多方法可以賺錢，這也是我寫本書的目的之一。

錯誤觀念#6：
零售買手決定所有的行銷計畫和策略

和一般消費者一樣，買手也想從專家手中採購產品。如果你表現出只會跟隨著買手的行銷計畫和策略走，那麼你的產品有可能隨時被移出這家零售通路。當然有時也會碰到一些在你的產品專業領域裡很有經驗的買手，但是這些都是短期的。畢竟業務人員接觸自家產品的時間比買手多得多，所以一個優秀的業務人員需要比買手更精通其產品的行銷計畫。在美國的零售業不時會碰到一些非常驕傲的買手，本書後續的章節中會討論如何和這種買手打交道。總之，買手喜歡跟專家採購。既然是專家，你就必須要有自己的看法，不論是肢體語言或交談的細節裡，都要讓買手知道你是一個專家。其實，時間一久你也會發現，很多驕傲的買手們的行銷計畫和策略並不是那麼的專業。

　　不論上述所提到的錯誤觀念之前聽過了幾個，我都要恭喜你已開啟走向成功的大門。只要你跟著這本書一起學習思考，將有機會幫你的生意達到一定程度的蛻變。但是有一個條件就是必須和我堅持到最後。我看過很多人立下志願要與美國零售通路做生意，但往往沒堅持多久就放棄。很多工廠老闆沒有這個堅持和毅力，到最後又把貨交給貿易商來賣。我們也清楚貿易商在賺取工廠和零售業中間的差價有10%甚至到40%不等的獲利。和人生做其他事情同樣的道理，跟美國零售通路直接做生意也需要你的堅持和毅力，希望我們共同努力把這些火力轉移到你的公司裡。

　　讓我們一起開始學習。

第一章
做就對了……但要事先做好準備

　　這裡要借用一下Nike的「Just do it!」的口號。想進軍美國零售通路就必須要有準備，如果沒有準備，不但拿不到生意，也學習不到經驗。很多台灣工廠的業務人員以為只要到買手面前晃一圈就可以了，什麼都沒準備也沒有從經驗中學習。兩三年下來，拿不到生意，然後所有生意不好做的理由都跑出來了。但在這一堆理由當中，一定沒有所謂會議之前的充分準備。

　　你大概會問，要如何準備，要準備些什麼？最快的答案是：依照你的目標而定。你必須先問自己或你們公司要的是什麼，也就是這一個會議想要達到的目標，不論是這一季想要達到的目標或者是這一年所要達到的目標。聽起來很容易是不是？但你如果問你周遭的朋友他們人生想要的是什麼，很多人大概會跟你回答「不知道」。同樣的道理，如果你問業務人員和買手開會想要達到什麼目的，這個業務大概會笑笑地回答你，就是拿生意。想拿到多少？怎麼拿？備案是什麼？事前大概完全沒計畫過。在美國的企業裡面，我們常提到所謂SMART目標原則的制定。S、M、A、R、T五個字母各代表不同的意義：

S=Specific 可具體的

M=Measurable 可量化的

A=Achievable 可達到的

R=Realistic 現實性的

T=Time-based 有時限的

　　所有你準備的內容都必須有助於達到想要的目標。以和買手會面一小時為例，你必須很清楚在這一小時的會議中你想要達到的目標是什麼：業務A的目標可能只是想要介紹一下公司；業務B的目標可能要買手直接選擇產品跟數量；業務C可能就希望買手當下承諾訂單。依照目標的不同，事前為會議準備的東西也就不同，這就是我們所說準備的重要性。本書商業談判的章節裡也會提到，準備會議的重要性是整個商業談判的80%，而當場的會議談判只占了20%。

　　在製訂目標的時候，有幾個問題需要討論：

1. 你們為什麼要達到這個目標？

2. 在達到目標後，你們的團隊將成為什麼樣子？

3. 達到目標對你們團隊和公司短期及長期的好處是什麼？

　　這些問題的討論和思考將會幫助你和你的團隊有一個更清楚的願景。最重要的是可以把你們團隊的「希望」轉化成「渴望」，如果你可以把目標變成一個渴望，你們就會竭盡所能地去達到那個渴望。很多人常說他們的目標只是個希望，所以如果沒達到好像也沒有什麼關係。當你很清楚渴望和願景，就更容易在會議前做好完美的準備。在準備資料的

時候，有四個問題值得你們思考一下：

1. 你們賣的到底是什麼？

　　這問題看起來好像有點好笑，但是答案絕不只是你的產品而已。其實，完整的問題應該是——「你們賣的產品對客戶有什麼好處？」。我們可以參考Carmine Gallo的書 *The Presentation Secrets of Steve Jobs*。在這本書裡他問到，蘋果公司Apple在賣什麼？星巴克在賣什麼？先想一下，別太快回答。Apple是在賣手機？還是平板電腦？那星巴克呢？咖啡嗎？還是早餐？都是也不只是。Apple賣的是一種可以解鎖人類潛能的設備，而星巴克則是在賣介於家裡與辦公室的第三空間。聽起來是不是很酷？Apple和星巴克都是用針對消費者的需求來擴大他們的消費群及生意。好了，回到你們公司的身上，你可以回答出你們公司真正在賣什麼嗎？你們的產品是消費者想要的嗎？還是他們需要的呢？你有辦法從你們的產品從消費者的想要變成客戶的需要，甚至變成他們非要不可的東西嗎？

2. 你們的產品可以為客戶增加什麼價值或解決什麼困難嗎？

　　一般而言，每個買手能決定的貨架空間及庫存資金有限，如果他要上架你的產品，便意味著得將你競爭對手的產品從店裡移除。因此，你必須明確的告訴買手，如果放了你的產品在他的貨架上，能為他的通路帶來什麼價值或好處，或是可以幫他解決什麼問題。前提是你必須先知道買手的問

題才能這麼說。即使不知道也千萬不能胡亂猜測，瞎猜的結果只會讓買手有防禦心態，你之後所說的話也就聽不進去了。

3. 你和你的競爭對手有什麼不一樣？

對於這個問題很多人會很快地回答：品質好，價格低。其實這兩點都沒有吸引力也沒有說服力。品質和價錢高低都是相對而非絕對。要證明自己的品質比較好，你可能會拿買手目前在店裡的產品做比較。換句話說，你等於間接告訴買手他之前買了不好的產品，這又會讓他起了防禦的心態，後面的話又不好接了。再者，你無法看到你競爭對手的報價，要如何證明你的價錢低呢？因此，我要提醒大家這兩點都不好。你必須要提出自家公司與眾不同的點，而這些點又可以增加買手的價值。先充分了解一下自家公司和產品，相信一定會找出可發揮的優勢。

4. 客戶為什麼要和你合作？

你要告訴買手跟你們購買有什麼好處，也要用不卑不亢的口吻提醒沒有合作的負面影響。可能性很有很多種：如果一般消費者都會指名購買你的產品，那麼通路商要你入駐的機會就很大；或者你的產品市占率快速增長，但你的產能又有限，如果不和你合作，買手的零售通路將在市場上失去優勢。還有很多其他的說法，例如你們的產品有設計專利可以獨占市場等等，這些都是可能的因素，也是得到買手注意力最快速的方式。

如果你能把上述四個問題回答得很好，就等於把你們的公司放在一個很好的基礎點上。但如果你們還需做很多的內部討論才能回答這四個問題，那也不是壞事。這些討論不但可以給你們的團隊有機會看清楚公司的願景，也會有機會去了解你們的公司、產品和競爭對手的優劣勢比較。在這裡我要提出和美國零售通路買手做生意最重要的一個問題：

通路商和你們公司合作
對他們的通路有什麼好處？

在你回答這個問題之前，我們先來定義對他們所謂的好處是什麼。大部分人都會說通路商的買手大概都是要業績、要獲利及市場占有率。雖然以上的推斷很合理，但最安全的方式還是開口問買手，讓買手來告訴你。因為有很多姿態高的買手對於那種「無所不知」的供應商很感冒，如果你一進去就告訴買手你知道他全部的目標反會引起他的戒備。一旦讓買手對你有防禦性，那後面的談判肯定就困難許多。所以我會建議用問問題的方式製造機會讓對方開口。在人與人之間交流有一個定律，就是你製造越多機會讓對方談論有關於他自己或生意的事情，對方就會越喜歡你。所以你問問題的技巧就很重要了，以英文來說就是儘量問What（什麼……）跟How（如何能……）開頭的問題，少用以Is、Are跟Do（是不是……有沒有……）開頭的問句。因為用What跟How開頭，買手就得回答一個或一個以上的句子；反之，答案就會是很簡單的「是」或「不是」，「有」或「沒有」來回覆

你。

　　一旦買手回答他要的目標之後，即可著手進行你的簡報，重點說明你們如何能幫他達成目標。把話題專注在買手的目標是亞洲供應商很缺乏的技巧，常犯的錯誤就是只會把話題圍繞在他們的品質、產能還有背後的財團上，但這些卻是買手比較不會在乎的議題。另外，如果你要讓買手多多發言或製造機會交換意見，簡報時間就必須要控制。我們在接下來的章節會談到一些如何準備你的簡報及控制會議的時間。

　　對許多在亞洲工廠工作的人來說，努力工作應該不是件困難的事，很多大概會把自己列在願意吃苦耐勞這一類型人。所以，「做就對了」（Just do it）就變成老闆們傳授給下一代年輕業務的黃金定律。但我們要分辨清楚，如果方向錯誤，即使一直努力去做，到最後只是變成錯的更離譜而已。會議準備就像一艘大船或者是飛機啟航前一樣，一定要先訂好目的地，然後根據目的地的方向，需要的時間、人員以及所需要的資源來做準備，這樣才能夠達到你要的目標。開會前如果沒有根據目標來做準備，如同船隻在大海中隨波逐流，任其浮沉，當然沒有辦法到達一個理想的港口。沒錯，執行力最重要，但有時候也是最困難的部分。所以當團隊欣然接受這句「做就對了」的口號好像傳達了同甘共苦的態度，看似完美，但是如果沒有好的計畫和準備，團隊極有可能達不到目標還浪費許多資源和體力。這就是英文常講的Work hard 跟Work smart 不同之處。

　　剛才提到，亞洲人可能不排斥辛苦工作，畢竟這是大部

分人從小被灌輸的觀念和教育，但努力付出是否與所渴望得到結果成正比？本書第一章就是要提醒大家思考，計畫並準備的重要性。接下來讓我們一步步地學習如何進軍零售生意市場的技巧。

本章重點

◆準備好再出發，讓你不走冤枉路。

◆了解你的市場、你的產品為客戶的業務增加了什麼價值或解決了什麼困難。

◆了解你和競爭對手的差異性以及客戶必須和你做生意的原因。

◆有了聰明的工作方法（Work smart），你就不用埋頭苦幹（Work hard）。

第二章
全世界都在等你的產品

　　20幾年來，每逢我到亞洲參觀工廠看到新產品的數量都會嚇一跳。此外，亞洲研發人員超強的想像力和開發能力也讓我耳目一新，不管是開發全新產品還是改良現有的產品，可以說幾乎把人類的想像力用到極限。而且經由市場研發及開發人員的腦力激盪，總是會想出降低成本的方法。但我每次在工廠看到一些新研發的產品，就感覺像在汽車展看概念車。為何說像概念車？因為這些產品大部分沒有被推到市場上去，真的很可惜。大部分的亞洲工程師從小都很會讀書，專注於做自己的事情，但從來沒有學過如何推銷自己或自己的公司。他們從小被教育做人就是要謙虛，不要強出頭，只要努力別人就會看得見。這個想法沒有錯，但也造就了大部分的亞洲人，尤其是亞洲工程師，往往在推銷自己的產品或自己的公司時，把一個很好的產品講的雲淡風輕。這是亞洲人的通病，所以我們這一招就是要大家思考：如何把你的產品轉成商品。

　　對很多亞洲的工廠來說，能夠打入美國主要零售通路是一個很大的挑戰。沒錯，但如果你能夠做得好，這挑戰所帶來的收穫也是豐盛的，這也是為什麼有那麼多亞洲零售工廠

想要和美國主要通路合作的原因。好消息是，迎向挑戰需要技巧，既然是技巧那麼就可以學。沒有人是所謂天生的業務，所有的技能都是學來的。一個好的業務必須要有多方面的技能。跟學很多東西一樣，萬事起頭難，但是你還是要得從某個點開始。比方說拿起電話打給你認識的人，或是去查買手的電話和電子郵件地址，主動聯繫並介紹你們的公司還有產品。光要求做這個動作就嚇跑了不少在製造業裡的亞洲朋友，但我還是要說：千萬不要被嚇到，真的沒有很難。

（順道提一下，「業務人員」不管中英文都像是一個負面詞牢牢刻在大眾的印象裡。我們常說某某人像是一個業務，聽起來好像這人沒有什麼特別的專業就是只靠一張嘴，類似傳統的推銷員。其實這種說法對業務人員不盡公平。其實業務人員可是領有全世界最高薪的人，而大部分所謂的專業人員也都是業務人員，比方說律師、會計師，甚至高階醫師。怎麼說呢？因為業務人員的工作就是在影響對方的思維，引導對方走向你所要的結果，這就是業務人員的最高境界。）

再者，隨著科技的高度發展，人們開始習慣用視訊開會。二三十年以前，我們一直以為和零售買手打交道就得去他面前開會。但是隨著2019年COVID-19新冠肺炎疫情的大爆發，每個供應商和買手都開始思考如何用創新的手法開會，透過視訊來達到以前面對面的效果。這包含詳細看產品的部分。在疫情爆發之前，如果你問買手透過視訊是否可達到開會和看產品的目的，大概很多人在一秒內就會回答你這是不可能的事。所以，防疫新生活也激發出生意人無限的潛

能。就我了解，很多零售通路採購團隊從上到下都同意因為這次的疫情，讓大家有機會去思考工作的新方法。

那麼我要問，在這全球的疫情之後你學到了什麼？你主持視訊會議的能力如何？你有辦法跨越那些視訊會議無法達到的挑戰了嗎？請注意，不管你有沒有提升這方面的能力，你的同業還是一直在提升當中。你要如何確定你走在同業的前面？這聽起來也許有點不舒服，但卻也是我們每個人都需要去面對的問題。當問到你為何不去直接聯繫客戶，一堆理由就出現了，比方說：

1. 我沒有買手的電話和郵箱地址。
2. 我不知道如何和客戶接洽。
3. 我沒有時間。
4. 現在時機不對。
4. 我在等我們的產品出來。
5. 我們公司現在沒有出差的預算。
7. 你還可以編出更多……

很多人還沒開始行動就已先把自己淘汰掉了。這些理由你聽起來熟悉嗎？但是，那應該不是你。因為你已經看到這裡了，就表示你已經承諾自己將在這一方面有所成長。雖然我不知道你的程度在哪個階段，但可確定你已嚴肅地看待這個問題，恭喜你！

直接和美國零售通路談生意對很多的工廠老闆來說是一個夢想。傳統模式的運作就是工廠老闆把產品拿給貿易商，

然後看著貿易商賺取工廠和零售通路中間的差價。在很多工廠老闆眼裡，那些貿易商似乎無所作為但卻拿了大把的利潤。所以，不少工廠老闆們也希望建立自己的業務和行銷團隊，以期賺取更大的獲利。這本書就是在教你如何做到這一點。再說一遍，如果你不開始行動，你的競爭對手還是會行動。

有些人可能會問我現在才開始學做業務會不會太晚了？答案是永遠不會。請相信學任何東西都不嫌晚。剛提到COVID-19疫情之後很多人開始學習使用視訊開會。也因為疫情的關係，世界運作的速度似乎也變慢了，這正是你學習新事物最好的時機。有句俗話說：「種樹的最佳時間是20年前，第二好的時間就是今天。」最重要是你必須趕快開始做，因為只要一起頭，看到一些正面的效果之後，就會有動力繼續堅持下去。在開始寫這本書的時候，我也參加了一些寫作的訓練課程。我最高興的是聽到原來很多作者也都會找理由不動筆，還得把自己關在房間裡才能好好的寫書，我這才發現原來大部分的人都跟我一樣。

在學習做業務的過程當中一定會碰到自我懷疑的時候。當碰到困難就會懷疑自己有沒有能力勝任這個工作，這很正常。就像為什麼很多人會諮詢一些企業教練或者是咨詢師來幫助自己成長。很多這類書籍會跟你說要超越對自我的懷疑，但我會建議你去學習怎麼和你的自我懷疑共處。因為你的自我懷疑不是你超越過一次之後就不會再出現，所以當你學習如何跟自我懷疑共處之後，等它再出現時，你就不會不知所措，知道這是正常的反應。這就像商業上面對各種挑戰

一樣，挑戰不斷地出現，但挑戰也幫助我們成長。當你發現自我懷疑都是短期，但挑戰所帶來的成長都是長期的利益後，你就會喜歡上這些挑戰。

全球採購辦公室

在談如何做業務的細節之前，我們先介紹一下美國零售通路在亞洲的全球採購辦公室。你除了需要知道如何跟買手談判之外，也需了解如何跟他們全球採購辦公室的人員合作。目前很多美國零售通路的全球採購辦公室都設在香港、深圳、上海或是印度的某個城市。全球採購辦公室的人會依照每個國家的專長和資源，甚至關稅規定等，來建議買手向哪一個國家採購何種類型的產品。關稅可能是採購的重要因素之一，也與各國的政治因素息息相關。本書將不會討論政治因素，而是將重點專注於與客戶接觸的技巧。總之，近年美國主要通路商非常關注東南亞國家生產力的成長。儘管東南亞國家的工業不如中國進步，但他們現正處於像中國30年前所經歷的情況，所以美國零售通路的全球採購辦公室也不敢忽視他們成長的潛力。

一般而言，如果你是在美國本土交貨，大概就不會和全球採購辦公室的人有所接觸。但如果你的客戶也就是通路商，是直接在亞洲取貨的話，那你與全球採購辦公室接觸的機率就相當大。我們在後面的章節中會談到如何和全球採購辦公室合作的細節，以及他們和買手之間如何保持平衡的關係。

與客戶初步接觸

對很多新入行的業務來說，這無疑是個令人恐懼的主題。大部分的人在學校裡也沒學過。學校沒教是因為教授們也不懂。如果你是一個大學教授，那我得先跟你說聲抱歉在這裡講出大實話。因為做業務和客戶接觸是一種藝術，可能很難寫進教科書裡。很多人用沒有買手的聯絡方式做藉口而不去接觸客戶。但和做所有令人恐懼的事情一樣（比如說高空彈跳），一直拖延不去面對並不會減少恐懼感。而減少恐懼感的最好方法就是事前好好的準備。雖然這並不會保證你一次就完美成功，但你準備了也和客戶接觸過了，就會學到東西並知道如何從哪裡去提升自己。事情總要有結果才有辦法提升，如果都沒有開始就不會有結果，當然也無從了解要改進的地方在哪裡，所以不完美並不是壞事。

我們再回到買手的聯絡方式。現今科技如此發達，要在社群網站上查到買手的聯絡方式並不難，比方說LinkedIn領英網站。重點是我們查到之後要以何種方式來聯絡，比方說打電話或者是寫電郵。然後在進行第一次接觸時要講什麼也是非常重要。如果你的產品和行業知識都很強而你又找錯買手，通常那個錯誤的對象就會介紹你去對的買手。所以，得到買手的正確聯絡方式並不難。最重要的還是你要表達什麼。有的人說買手通常不接電話，可能對也可能不對，而唯一能得到答案的方法就是你要自己打打看，而非一直用不接電話的理由而不敢撥號碼。

我們要如何進行第一次的接觸呢？通常打電話的方式最

好。如果沒有辦法用電話或者買手真的沒接電話那就選擇用電郵。在我的訓練課程裡，電郵永遠排在電話之後。千萬不要隨便發一篇電郵，甚至於從你們公司網站上面複製貼上內文，然後就發郵件給買手。我想你可以猜到買手看到這種電郵十之八九不會理你。很多非專業的業務就會說：我已經發電郵給買手了但是他沒有回我，所以表示這個生意做不成了。如果你用這個心態，那還真的是很多生意都做不成。我以前做業務時，看到一些同事們就是有如此被動的心態。想當然耳，他們都沒有成為好的業務。他們充其量只能說是跑龍套，或者是接一些小客戶的業務，而沒有資格成為第一線的業務。如果你想要進入美國主要零售通路的話，你就想辦法變成世界一等一級的業務。這本書的目的也是要教你成為金字塔頂端2%的高級業務。

好，不管你用電話或者是電郵，你首先要做的是什麼？跟前面講到會議前的準備一樣，即是先設定目標。你先要問自己，想要這個買手跟你講完電話或看完你的電郵之後，他會怎麼評價你的公司，你們的產品，甚至於你這個人？通常這三個東西就是一般人決定買一樣東西需符合的要素。思考一下，當你想要買一個東西的時候，你必須要喜歡這個產品，喜歡這個公司的背景，然後可能會喜歡這個業務人員或是店面人員，你才會去買這樣東西。只要這三個因素其中有一個不喜歡，你可能就會決定到別的地方去買，或者是乾脆就不買了（這是Jordan Belfort的理論，我們之後會提到更詳細的內容）。一旦有了目標，所有準備要談的必須是可以幫助你達到目標的內容，反之，則刪除無用的內容。我們接下

來就來談談如何設定目標。

設定目標

　　你和客戶第一次接觸時需要談的內容取決於你設的目標是什麼。前提是你要先問自己是否真的準備好了？在我的採購經驗裡，90%以上的亞洲供應商第一次打電話或電郵給零售通路買手時都還沒準備好，導致買手隨便問兩三個問題，供應商都無法回答，最後整個電話就草草結束。舉幾個例子，買手可能問，你有看過我們的店嗎？你知道我們有幾家店嗎？這個產品在店裡面如何擺設？諸如此類的問題。請不要不相信，我見過很多供應商第一次來找我時，都不知道我們在全美有幾家店面。最讓我失望的是，他們連到我們辦公室之前Google一下都不願意。如此供應商，我們怎麼可能向他購買幾百萬甚至幾千萬美金的貨呢？你可以看出這些都是很基本的問題，但是很多供應商真的沒有先做好功課。希望你不要犯這種錯。

　　記得我做買手那幾年，有一些供應商第一次打電話給我或是見面的時候，談話的內容方向亂七八糟天馬行空。有時候我實在忍不住問供應商這個會議的目標是什麼？接著我就會請他們想像一個畫面：「等一下會議結束了，您要打電話給您的老闆說剛才和買手的會議非常成功，請問這個非常成功的畫面是長什麼樣子？可以麻煩您跟我描述一下嗎？」這時候供應商會看著我，表示不了解我的問題。我就會說：「如果您希望在這個會議結束之後就可以當場拿到一張訂

單，我可以跟您說，那不會發生。我也希望這不是您的目標。」供應商馬上回答不是不是。那我就會說：「那好，如果不是馬上拿到訂單，那您的目標是什麼？」我希望現在看這本書的你能夠先暫停一下，好好想我這一個問題。在每次會議，每通電話，每封電郵之前，你都要設定目標。這和一個業務每個月、每季及每年設定目標相同，和每一個人人生所訂的目標也是一樣的意思。

　　現今商場分秒必爭，千萬不要去見買手只是跟他打個招呼。除非你跟買手是很熟的朋友，要不然沒有人有空請你進來只是說聲哈囉而已。那些在開會時沒有章法的簡報或只是進來跟買手打招呼的，都是因為不知道他們要的是什麼。《聖經》裡有句話：「沒有遠見的人將會毀滅。」英文原文是「Where there is no vision, the people perish.」如果沒有目標，你的聽眾是可以感受到的。反之，如果你有很清楚的目標並且明確的敘述，買手可以感受到你的能量和熱情。買手們每天都在聽業務簡報，也想讓厲害的業務來告訴他們生意的方向。當然，聽了也不代表他們一定會跟著做，但要是這個業務說的內容不清不楚，買手當然聽不下去。有一種說法，如果你很清楚你要走的方向，這個世界的人群會讓開兩邊讓你走過去。如果你不清楚，人們可以從你的眼神和肢體語言發現你已經迷路了，既然你不知道要去哪裡，他們就沒有讓開一條路給你走的理由。你下次可以試著在機場或是火車站，用鋒利堅定的眼神邁開步伐，專注往你要走的方向，你會發現人們自然會閃到一邊讓你走出一條路。

　　了解設定目標的重要性後，接下來要問你的目標是什

麼？依照我的經驗，最常聽到的回答是：訂下一次會議的時間和主題。我個人也覺得這是一個可行的目標。如果買手要你再回來談細節或更多有關產品及未來可能合作的方向，那麼第二次會議的內容即有機會涉及產品的顏色、包裝、鋪貨店數、出貨期等細節。你也可以利用第二，甚至第三次會議讓買手了解跟你們公司合作的好處，那麼第二次或第三次的會議所訂的目標應該就是一個很明確的採購承諾。如何準備第一次會議有很多種方式，重點訊息必須要傳達清楚，才能有機會迎接後續的會議。以下是一些大方向提供你參考：

1. 你們是一家有能力且值得信賴的公司

　　這部分對大多數人來說應該不難。但比較令人擔心的是，很多沒有經驗的業務花太多時間在講這部分無關緊要的訊息。原因是很多亞洲工廠的老闆是研發或者是生產管理背景出身，很自然地就覺得研發或生產，以及產品品質就是整個生意的全部。每個人都傾向花很多時間在自己熟悉的主題上面，而且有可能越講越激動，從如何創立這家公司開始說到尾，講這些東西也不是壞事，但要注意一下你的聽眾，也就是那個買手，你不希望買手越聽越無聊。你的重點是要告訴買手你們是一家好公司，但終究要賣的是你們的產品而不是賣你們的公司，所有釋放的信息都要讓買手對你們的產品有興趣。如果講到你們公司的歷史，這部分不要超過整個會議15%的時間。或許有些公司真的有很酷的歷史，如果你認為講這歷史可以幫助買手對你們的產品更感興趣，這也是可以運用的簡報策略。

做一個業務，你的工作是要讓買手在短短的幾分鐘內對你們公司和產品產生興趣。如何做？對買手要強調什麼？要回答這些問題，你必須對你們公司非常的熟悉，而且要注意你對買手的用字遣詞。很多工廠對他們高科技的機械設備和技術感到自豪，所以他們在對買手做簡報時就會用很多工業用語。但很多買手聽不懂工業用語而且是無感的，就像去聽演講一樣，如果聽眾無感，他們的心思馬上就會飛到別的地方去。什麼事情對買手最有感？那就是銷售業績和獲利。你可以講任何有關你們公司的歷史或者工業上的用詞，但要很快速的連結到零售通路的銷售業績和獲利，如此才能一直抓住買手的注意力。如果你們公司沒有什麼特別的歷史，那也沒有關係。這次會議目的在於讓買手知道你們是一個可靠而且有能力的公司。如果你們是一間新公司，可以專注在你們公司如何成為他們零售通路的好夥伴。有的業務會闡明公司的信念和主張，有的則會呈現他們對產品研發的執著，這些都是可以展示你們是一個好公司的方法。讓買手對你們公司感到好奇，那這部分即大功告成。接著你就趕緊移到產品的部分，因為這是你和買手見面的真正原因！

2. 你們公司的產品是終端消費者想要的

這點取決於你的產品生命週期位在哪個階段。讓我們舉最常看到的例子：比方說你的產品現在已在市場上，也許你的產品有些功能或者品質上的分別，但是對買手和消費者來說都不是一個新的產品。所以你的目標就是讓買手把你的產品放到零售通路的貨架上取代競爭對手的產品。但你要知

道，買手作這種事情的可能性有很多種，有一些原因你是無法控制的：譬如你的競爭對手有財力問題，供貨上有問題，或者產品品質的問題。但你不應該浪費時間去擔心這些你沒辦法控制的問題，而是把時間運用在你有辦法控制的事情上面，如你自己個人和你們公司的產品。即使你看到競爭對手在通路貨架上的產品有問題，在和買手描述時都要持保留的態度，永遠都不要去攻擊現有的供應商，因為你的攻擊等於間接的告訴買手他選了一個不好的供應商，任何人聽了心裡都不是滋味。你應該著重於你們產品的優點，並如何讓買手的工作更有效能。下列幾項是你可以發揮的元素：

- 設計
- 專利
- 品質
- 技術
- 產能
- 消費者的獲益
- 包裝
- 貨架的擺設
- 讓消費者容易做決定
- 其他零售通路的銷售紀錄

在準備這部分簡報的時候要注意買手很有可能會分享他的看法。買手的看法，不管好壞都是決定生意的方向。不管他的看法你喜不喜歡都要仔細聆聽，即使不同意，你們公司還是可以從中學到一點東西。很多經驗不夠的業務也因此錯

失了很多的生意機會。另一方面，買手的反饋和意見可以讓你藉此機會約下一個會議。買手的反饋可以幫你把範圍縮小，你就知道第二次會議前要努力加強的部分。

之前說過，你要製造讓買手開口說話的機會，所以你必須要問一些讓他可以發揮的問題。通常有準備過的問題會比臨時想出來的好很多，而且能夠幫助你達到目的。你也可以問一些簡單的問題來確認買手是否了解你講的內容。聰明的簡報方式會在8到10分鐘的時候跟觀眾互動一下，以確定觀眾有跟上簡報者的內容和思維。如果觀眾沒有跟上，有些部分可能要重新解釋，這也是給觀眾問一些問題的機會。這時你必須放慢速度，看買手的反應。這在簡報的訓練中叫做「讀你的觀眾」，你可以經由眼神和買手的臉部表情來看出他有沒有跟上你的內容。

3. 你的產品越來越受歡迎而且市占率正在增加中

如果這點是真的，可說是你的一大武器。因為買手很難抗拒增加市占率的產品。最好呈現市占率的方式是提供一些可靠的市場資訊，而這些訊息也必須要有可靠的資料來源。市場資料的取得通常只有中大型供應商才有辦法做到，一般小型供應商可以選擇提供自己公司內部的研究資料。有些買手可能會更深入的問有關你們公司內部的問題，所以你必須先思考願意分享你們公司內部資訊到何種程度。如果有一些是你不想分享（如內部保密的資料），在準備簡報之前就須先演練如何避免，即使無法避免，你也要知道如何在做簡報時禮貌的迴避這個問題，以防止場面的尷尬。

在有些行業市場資訊不容易取得的情況下，還是可以用一些替代資訊來取代。比方說，你可以從一個類型的產品在零售通路貨架的位置大小來判斷這產品的市場是成長還是消退當中。當然，所有你在簡報中呈現給買手的資訊一定要是你的認知裡面真實的情況。如果真的沒有辦法證明你的資料來源，那簡報就儘量不要包含這方面的資料。千萬不可以說謊或隨便亂編，尤其是錯誤的市場資訊，被買手戳破的機率很高。

4. 你們是行業裡的專家且可幫助買手在通路上銷售成長

這一點真的超級重要。再多強調幾次也不嫌多。請思考自己買東西時是不是也喜歡跟一個專家買？尤其是買重要物品如車子和房子，或是高價的珠寶，大部分人都不想從一個新人手中購買。美國大型零售通路下的訂單通常都是幾百萬甚至幾千萬的採購，買手當然也想跟一個專家買。因此，你一定要讓買手知道你是這個行業裡的專家。這也是作家Jordan Belfort的一本書 *The Wolf of Wall Street*（電影中譯名：華爾街之狼）提到的：你要在4秒內讓客戶感受到你這個業務的特性，所謂三個特性是：

- 你是個很聰明而且厲害的業務
- 你很有熱誠
- 你是這個行業的專家

這三個裡面其中有一項就是行業裡的專家。剛說過，沒人喜歡向一個菜鳥購買。試想如果你要買一台10萬元的電視，你跟店員問一些有關於電視的問題，如解析度、尺寸、亮度甚至幾個HDMI孔，而這店員什麼都不知道只會回答這台電視10萬元，你覺得你還會買嗎？美國大型零售通路買手的心態也是一樣。他們也希望面前出現的不只是業務也是一位專家。你是個專家並不代表你一定表現的很驕傲。你應該以謙虛的方式呈現出一個業務的專業知識。人的下意識都喜歡被人引導做他該做的事，零售通路買手也是如此，他也希望專家來建議如何做才能提升他的業績和獲利。當然，你必須要做足功課才能夠成為專家，除了表現你對產品的知識，零售業的知識，以及零售促銷的看法外，也可建議如何提升業績以及增加市占率的方法。零售通路每年會依季節促銷不同的產品，這方面你也應該要做功課了解促銷你們產品的最佳時機。

　　現在你應該知道事前做功課有多重要了吧。先去了解這家零售通路店裡的操作方式，可執行的方案是什麼？有些非專業的業務第一次見面就跟買手建議把他們的產品放在收銀台的旁邊，買手聽了之後馬上翻白眼。只有菜鳥業務才會不清楚一般收銀台旁邊的貨架是多珍貴。一般大型零售通路都是用「銷售業績除以店裡的面積」來衡量各產品的產能，一般收銀台旁邊的產品產能都是很高的，有一些供應商甚至要付錢才能有這黃金位置。如果想把你的產品放在收銀台旁邊又不知道這是要求高產能區，你想要呈現是一個專家的目的就破功了。

很重要的一點，如果買手的問題是你不知道或沒有事先準備，表示買手可能有其他的目標。例如問你如何保證他是美國零售最低價的，就可以猜出零售價對他很重要。這時你不要馬上回答問題，而是很客氣的用反問的方式來回答這個問題：「美國最低價對你有多重要？」「如果不是全美國最低價錢會有什麼麻煩？」你要讓買手去回答他的問題。你要他重複去講他的麻煩，當你有辦法解決他的麻煩時，就從一個「想要」甚至變成「需要」向你們採購不可了！

5. 你會持續觀察市場變化且提供買手時效性的建議

一個好供應商懂得如何管理他們的生意，會把零售通路當成是他們的經銷商，你也應該要用這樣霸氣的態度去思考每個生意。很多亞洲工廠有一個錯誤的觀念，就是以為把貨從工廠運出去就沒他們的事情了，這是40年前的做法。在現今網路發達的年代，你就必須及時了解終端消費者對你們產品的看法及反饋，才能把這些最新資訊分享給買手。如果你把貨運到零售通路上架但產品銷不出去，最後庫存都留在店裡，那麼買手還是會回來問你如何解決這個問題。所以，好的供應商會知道產品在店裡面的銷售成績，也就是買手需要你自己來管理你的生意。如果你把產品管理的很好，買手就不需要在你們的產品上面花太多時間，對他而言你就是所謂好的供應商。要達到此境界，你必須對你們產品的行業非常熟悉，對一般零售通路的消費者及零售通路的競爭對手也要有一定程度的了解。了解你客戶的競爭對手，可從中了解他們的競爭對手有什麼優點可以學習，之後也能分享給你的買

手，零售通路買手通常很歡迎這部分的反饋。

　　買手有買手的傲氣，但如之前提過的，他們以目標為導向，專家說的話就會引起他們的注意，如果你讓他們覺得跟你合作就是他們達到目標的捷徑，那你的第一次簡報就算非常成功了。但要注意，你教他們做的事情除了讓你們的公司獲益外，也必須對他們的零售通路有好處。反之，很快就會被買手識破而不把你當合作對象。如果你的簡報也提到讓他們通路的銷售業績和獲利上升的話，大概就很靠近他所要的目標了。因此，在和買手分享你們對市場的觀察時，也可適度的告訴他如何透過你們的產品來做一些促銷。只要透過你們的促銷可以幫助他的業績和獲利，對買手來說都是值得討論的議題。有一個小小的技巧，當介紹一些促銷案時，可以包含幾個可變通的選項，如此一來買手可以加入他自己的看法，最終這整個促銷案就會變成是買手的構想。只要你把這個促銷案變成是他的構想，那他就會想辦法跟你一起把這個案子做成。作為一個業務，千萬不要和買手搶功勞，你的目的是讓他們買更多量，你拿到訂單，功勞在他，皆大歡喜。買手會覺得跟你這個供應商合作很容易，而且還能幫助他的銷售業績獲利，你也就有更多機會再跟他談其他的案子。

成功的業務簡報

　　嗯……做簡報……可能是大部分人都討厭的事情。也因為如此，所以能把業務簡報做得好的人通常會賺錢，因為競爭對手能做得好的不多。當然你可以從書本或者是網路視頻

裡去學如何做簡報，尤其近幾年手機錄影、錄音已很方便，你可以試著用手機錄影來做練習。看自己的簡報視頻是很痛苦的，但這是最好的方法，甚至比面對鏡子練習的效果更好。因為看視頻你有機會將自己變成一個觀眾。看著裡面那個人講話，也就是你自己，移情感受作為觀眾的感覺。看視頻痛苦的原因是我們總著重尋找負面而非正面的東西，老會覺得哪裡講的不好。也因為如此，你可以從視頻中看到、聽到自己，並決定在哪些部分需要調整改進，比方說你的衣服、聲音、口氣、眼神、精神、肢體語言等等。如何讓觀眾覺得聽你的簡報很舒服是一種藝術。

雖然現在使用遠端視訊會議的方式越來越多，但沒有任何會議比面對面會議來得更有效果。請注意，我並不是說遠端視訊會議沒用，而是當面和買手談你的公司和產品的效果永遠是最好的方式。也因此美國主要零售通路的總部大概會準備20到30間的會議室給買手和供應商見面使用，甚至有的時候買手也會在他們的樣品店裡和供應商開會。

所謂樣品店，就是和他們實際營業店面擺設幾乎一樣但不對外營業開放的店，一般樣品店都離零售通路的總部不遠，主要做為買手和管理階層去計畫未來三到六個月店面的陳設。買手也會和供應商討論產品是否在店裡面可執行，或者是執行上會有什麼困難。當然，東西擺設好不好看，方不方便消費者購物，這也是雙方需討論的細節。

所以和買手見面之前，除了準備你的簡報內容以外，你還需要注意開會時需要的輔助工具。比如說，會議室裡是否有投影機？需要延長線嗎？會有多少人來參與這個會議？是

否需要多一張桌子或椅子？這些細節都應該在開會之前和買手或買手的助理達成共識。千萬不要忽略這些細節，這能決定你的簡報是否完美和順利。當你會議前知道這些細節都已經準備很好的時候，你的簡報自然就會講得很順。我看過最差的狀況就是買手進會議室時供應商還在擺樣品，而且人員還沒有就定位，看到買手進來也不知道要先打招呼還是要繼續擺樣品，只看到一群人手忙腳亂，你可以想像整個會議就是亂七八糟的結束。最好的簡報應該在擺完樣品，所有人員就定位之後，你還能夠給自己二到三分鐘沉澱思考接下來要做的簡報內容。閉上眼睛，深呼吸，想像一個完美簡報的畫面，唯有如此，你才能夠把簡報做得完美。

這裡還是要提一下，雖然面對面開會比遠端視頻效果來得好，2020年因為疫情的關係，遠端視訊會議的使用更加頻繁，相對地，視頻開會的能力和技巧要求也會越來越高。所以你也必須去評估及衡量你在這方面的能力以及公司遠端視訊的設備。例如電腦、網路網速、麥克風、燈光及使用視訊的房間等。同時也要注意攝像頭的角度，讓你的觀眾看得舒適沒有壓力。

通常供應商做簡報會有樣品展示的部分，如何展示樣品也是一門學問。有的供應商因為樣品的尺寸很小，有時候做簡報的人就會直接把樣品給買手和其團隊傳閱，殊不知這是非常不合適的舉動。簡報的訓練課程裡把這行為叫做「自己製造了你的競爭對手」，因為觀眾不知道要專注聽你講話還是要專注在樣品上。你把樣品拿出來傳閱，樣品就會搶走觀眾對你的注意力。很多人說他可以同時間做兩件事情，那是

騙人的。人的頭腦無法同時專注兩件事情，如果買手一邊看樣品一邊聽你講話，大概不會聽得很清楚而且樣品也無法仔細看。所以，如何分享您簡報的順序需要事情仔細思考和規劃，如此才能確保你的簡報目的達成。

有說服力的簡報結構

除非你做簡報的對象對你已經非常熟悉，否則你的簡報應該包含三大項目：公司、市場資訊以及你要賣的產品。此外在正式簡報之後，你還要留一點時間和買手交換意見。就像之前提過，應該用少於15%的簡報時間來介紹你們的公司，目的只是要讓買手對你們的公司感到好奇，然後仔細聽你們的產品。接下來，你要分享給買手有公信力的市場資訊和市場走向。當然也不是每一個業務在大學的時候都學過統計學，也有不少業務做簡報時對一些統計數據做了錯誤的解讀。我做買手的時候就當場糾正過很多業務這方面的錯誤，後面會議的進行就沒有很順利，因為整體簡報的規劃都被我打亂掉了。所以你要儘量使每一件事情都在你的掌控之下，如果用PowerPoint的話，要確定每一頁你都仔細看過，如果裡面有你不確定的資料，或是有些資料並沒有辦法幫助你達到目標，你就要考慮把這些資料拿掉。在簡報中提出市場資訊最主要的目的是要讓買手覺得更有信心來買你們的產品，如果這些數據無法支持買你們的產品是正確的決定，那你就必須考慮是否需要在簡報中呈現。

同樣地，業務要賣的是產品而不是公司。所以簡報大部

分的時間應該用在產品上面。如果沒有產品，不管你跟買手的關係有多好，這個生意關係就不會存在，所以產品部分占用整個會議時間的65%到75%是正常的。「產品」這兩個字含有很多主題，其中包括：

- 產品規格
- 產品品質
- 產品測試
- 生產流程
- 製造成本
- 製造價格
- 零售價格
- 包裝
- 店內的陳設
- 庫存多寡
- 廠家的競爭對手
- 零售通路的競爭對手
- 出貨期
- 終端消費者
- 產品季節性
- 政府法規

以上所列出的都是屬於非食品類的產品。不同的產業會有不同的產品注意事項，那麼你就應該遵照你所屬行業的產品主題。在準備你的會議之前一定要注意你的簡報時間，千萬不要被任何一個不重要的話題占用太久。一些沒經驗的業

務常常以為跟買手東扯西聊就是建立感情，在生意上這是一個大錯誤。買手可能覺得你這個人很好，但是他有可能不認為你是這個行業的專家。如果你不是專家，他大概就不會想向你的公司購買產品。所以你在準備簡報的時候就要先確定想要談的主題並按照計畫進行。即使會議中不小心離題，也要練習如何技巧性地帶回你要談的主題，這不但會幫助你達到所要的會議目標，同時也讓買手看到你開會專業的一面。

本章重點

◆隨著全球科技產品的進步，和美國零售通路做生意已經比很多人想像中容易許多。

◆不管你的背景為何，和美國零售通路買手直接談生意的技巧都是可以學習的，只要你願意。

◆當介紹你的公司給買手時，重點永遠要放在你的公司如何能幫助他們零售通路的業績和獲利這個點上。

◆零售通路買手傾向有專業人士告訴他們如何達到業績，但是買手有他們的驕傲，如何從中找到平衡點，在準備你的簡報時，千萬要記住這一點。

◆照著本書所提的重點去做，你在零售通路的生意很快地就會成長。

第三章
交涉和談判

　　這是一個非常重要而且不容易的主題。我個人也參與過好幾個培訓課程及座談會來學習如何做商業談判。在我辦的培訓課程當中，用了不少時間來談這個主題及談判的練習，學員們的反饋熱烈。所以我決定用一整個章節來談這個主題。

　　首先我們都要認知的是——談判絕不是件舒服的事！也因為這樣，大部分人都不喜歡與人談判，更沒學過如何談判，不知道如何透過言語、肢體語言或是眼神的交接來達到自己想要的商業目的，甚至很多商學院也沒仔細教過這門學問。相不相信，90%以上的人進入談判會議室之前，並沒有把自己的目標寫在自己看得到的地方提醒自己。很多根本就是沒有目標的隨波逐流，看談判到哪他的目標就跟著移動到哪。像前面章節所提過的，如果你沒有目標那你就沒有辦法達標。

　　既然我們不知道如何控制談判時不舒服的感覺，大部分人就會選擇趕快離開這個話題，而最快的方式就是接受對方所有的要求。只要談判一結束，當事者也就鬆了一口氣，然後自己再打圓場說：「我就是不想跟他談了！」「算了，不

想跟他計較那麼多……」等一些自認好笑的話。其實，我們不知道交涉和談判的技巧是因為沒有被訓練過。只要你被訓練如何應對，不但會減少談判中不舒服的感覺，還會知道如何用一些語言來達到你所要的目的。有些小公司的老闆喜歡不懂裝懂，然後就會裝瀟灑地答應對方提出的任何要求，就因為老闆不需徵求任何人的同意，所以也就可以更爽快的下決定，美其名說我不想跟他談了。如果你想要成為美國主要零售通路的供應商，有談判的技巧將會幫你賺很多錢或省很多錢。

我們這裡要談的是如何幫你去和零售買手交涉和談判，而非整個商業談判的理論。因為要談商業談判的理論只用一個章節，甚至可能整本書也不夠。但是在和零售通路買手交涉時有些基本商業談判的原則是可以採用的，我們在這裡分享一下。

- 你幾乎不可能知道對方的最底線在哪裡，因為所謂的最底線理論上不存在。每個供應商都有可能決定虧錢賣東西，或者是每個零售通路也可能在某些產品上虧錢賣。所以，對方的最底線我們是不太可能清楚的。
- 談判中有大部分的時間就是雙方在交換訊息。在和零售買手談判的過程中，有可能在你們第一次開會的時候買手就已經開始接收訊息了。所以你要隨時心裡有個數，將任何訊息分享給買手時，你要想想他之後會不會用在和你的談判當中。
- 你和零售通路買手的談判也是屬於未來式的。和警察與歹

徒挾持人質的談判不一樣，他們彼此大概沒有未來合作的機會，所以他們交換條件的方式和我們在商業上的運用大不相同。如果你自己看有關談判的書籍或網路視頻，要注意談判的例子是不是值得你學習。

可以和通路買手談判的內容有什麼？

理論上來說，所有的事情都是可以談的！此外，談判中有一個很重要的常識，在所有一切內容都還沒達成協議之前，單就一件事談好的都不能算數。和零售通路買手交涉與談判，你要談的不只是價錢而已，因為價錢也很有可能會因為其他的因素而改變。讓我們來檢視下列可談判的內容與項目：

- 價錢 Price quote
- 付款期 Payment terms
- 交貨期 Shipping lead time
- 交貨地點 Goods title transferred point
- 包裝 Packaging
- 生產批量 Minimum order quantity
- 下訂單時間 Commitment time
- 產品規格 Product spec
- 退貨流程 Product return process
- 降價金 Markdown money
- 產品保險 Product liability insurance
- 促銷金 Marketing fund

- 保證銷售 Guaranteed sale
- 產品下架策略 Exit strategy
- 通路數量 Store count
- 獨家銷售 Exclusivity
- 安全庫存 Safety stock

其他還有更多可能性，但要視你的行業而定。在所有的項目都達成一致之前，你幾乎無法做最後的報價。也就是說，雖然很多項都可以談，但好像也可以用報價來涵蓋所有的項目。這也是為什麼很多人說價錢若對什麼都OK的原因，聽起來好像不是什麼高水準的生意經，但實際上很多生意都是這樣完成的。在我做業務那幾年，曾有一個零售通路買手跟我說過「價錢不是一切，但價錢是唯一的事情」，儘管我個人到15年後的今天還是不喜歡這種說法，但這的確呈現了美國零售通路某一程度的真實性。

提問是你最佳好友

商業談判通常就是交換條件，我們想要從對手那裡得到什麼，然後我們可以給他什麼，這時候提的問題就扮演非常重要的角色。一個好的業務會很清楚交換條件重要與否的程度性，什麼是你公司絕不能損失的，哪些又是次要或不重要的。如果你能夠給對方對你不重要的東西，卻可得到你想要的目標，這就是一個有利的交換。至於要確定東西之於對方的重要程度，最容易且精準的方式就是提問。在商業談判的

時候儘量不要用預設立場去猜測，因為商業談判最終就是雙方都滿意且可接受，所以理論上是無法事先知道對方的最底線。只要問對了問題，雙方決定要交換什麼，而交換的東西你也滿意，這個談判就達到你要的目的了。要讓對方滿意也可以接受你的條件，那你提問的技巧就非常的重要。

要讓對方滿意和接受並不代表要犧牲你的權益。如果完全犧牲你的權益那就不是談判而是投降。近幾年我們常聽到談判就是要達到雙贏的局面，所以和零售通路買手談判的時候，如果能把其他因素加進去不單只談價錢，就會比較容易達到雙贏的局面。所謂其他的因素，如產品的種類、通路店的數量和產品的總數量等，這些都可能讓你的公司犧牲幾%的利潤來達到協議，所以你必須先做功課了解什麼對你公司是重要的，什麼是對客戶重要的，而你只能透過問問題的方式來找到答案。你的問題儘量使用問答題而不是是非題，讓對方開口多發揮，他講越多，你就有可能聽到更多資訊，相對有更多機會創造出雙贏的解決方案。

如果……那就……

這句話在交換條件時是非常重要的表達方式。如果用對了可以幫助你達到目的，如用在不對的句子上，同一句話對方聽起來可能就不太舒服。你可以利用這句話來設想一個對你有利的條件，但對方聽起來卻是他們有完全的控制。我們來看這個例子：

業務：如果你的數量可以增加**10%**，那我們就可以降兩塊
　　　錢。

　　這句話在買手聽來，表示他可以拿到那兩塊錢的控制權
——只要他把數量增加10%。我們再來看看不同的講法：

業務：如果你要我們降兩塊錢，那我們就需要你增加10%的
　　　數量。

　　聽起來如何？這句話讓買手是不是感覺如果他想要拿到
那兩塊錢，他就「有義務」要增加10%的數量？其實兩句話
意思一樣，但是聽起來大不同。第一句話是你把對方想要的
東西放在句子的後面，第二句話是你把對方想要的東西放在
句子的前面。順序不同，對方聽起來的感受就不一樣，這種
說法在中英文裡都可以使用。所以在交換條件的時候，請永
遠把對方要的東西放在句子的結尾。下面就是公式：

　　如果……（我們要的），那就……（對方要的）。

　　接下來，我們來看一段價錢談判的對話：

買手：你的價錢太高了，我需要你把價錢調低一點。
業務：收到。但我相信我們的價錢還是很有競爭力的。這樣
　　　吧，讓我來看看我們還能做什麼。我們高了多少？
　　　（不要和買手爭吵，只問問題。）
買手：我通常不給目標價，但是我需要你最好的價錢。
業務：我了解。這個產品你們一年的數量是多少？（又轉成
　　　買手的問題。）

買手：正常如果在沒有廣告之下我們可以賣50,000個。

業務：我們推到70,000個的可能性有多少？這樣可以幫我和材料廠拿到比較好的價錢。那我們可以把材料上省下來的10%轉嫁給你們。（再一次地轉成問題。基本上是說，如果你可以把數量增加到70,000個，我就可以把價錢降10%給你。）

買手：70,000個是有點高……但也不是完全不可能，如果價錢夠好的話。

業務：價錢夠好的話？（又是一個問題的口氣。）

買手：（按了一下計算機）我跟你說，如果你可以把價錢降12%，那我們可以買70,000個。（如果……，那就……）

業務：那我回去一定會很努力跟材料廠商協調。您可以給我48小時嗎？

買手：可以的，兩天後打電話給我！

　　有沒有注意到，這個業務大部分時間一直在問問題直到最後。他另外用了一個技巧叫做反射，重複對方句子的最後幾個字，也就是他重複「價錢夠好的話」，這幾個字自動把他的話變成問題。反射在商業談判裡面非常受歡迎，基本上就是重複對方講話的最後五六個字，如此會給對方感覺他得要說明一下他剛才講的那句話。尤其是對方比較沒有經驗或是對方很驕傲的情形之下，這個方法非常好用，只要我們一反射他說的話，對方就會以為他們所要求的太過分了點，然後他們就會開始說明或解釋為什麼他們的要求是合理的。通

常對方講的越多，漏出破綻的機率就會越高。以上面這個例子來說好了，買手最終給了12%的價錢目標價，原本他不是說不給目標價的嗎？可以看出這個公式多好用。

善用沉默

沉默在談判當中是一個高深的技巧，而且會讓雙方都不舒服。兩方交涉談判中有一句話叫做「誰先開口，誰就輸了」，雖說沉默很好用，但是很難做到。在我的培訓課程當中，我教學員們沉默的方式就是默數30秒。通常，如果對方沒有辦法控制沉默，他們就會開口講話，這和你要製造機會讓買手說話的意思是一樣的。因為對方說越多，你就會拿到越多對你有利的資訊，更有可能會講一些讓你再問更多問題的機會，或是他們會分享一些你問題以外的訊息，這就是沉默的力量。

價錢是你達成談判目標的項目之一，但不是你唯一談判的項目。以下讓我們來談談一個零售通路供應商最常與買手談判的一些項目。

付款期限

很多零售通路把這個項目從買手的權限中拿掉，乾脆就跟買手說這是不能討論的。但如之前所提過：任何事都是可以談的，只是取決於值不值得去談。如果買手跟你說付款期限不能談，那不代表不能協商，只是代表買手需要取得更高

階老闆的同意。這高階老闆有可能是買手的直屬上司或是公司的財務長或執行長。你的問題來了，你想要買手在付款期限問題上面做這麼多事情嗎？如果是大學裡的財務教授可能會跟你說，錢越早拿到越好。但是我們在這裡是談實質上的生意，所以我們要思考一下其他相關的因素。

首先，建議你先評估一下你公司內部的財務狀況還有銀行貸款額度的狀況後，再來決定您願意接受的付款期限。有的期限只能30天，有的能60天，甚至到90天。了解公司的狀況後才能決定你是否要在這方面花心思和在什麼狀況下放手。當你準備好要談判的時候，你就可以開始問買手問題，前提是你要認為付款期是可以談的，那就直接進入你的問題。比如說，如果買手要求75天的付款期，但你心裡想要的是45天，你說出口的問題就是：「我們要如何做才能達到30天的付款期？」請注意，我這裡講的是30天而不是你心裡想的45天。因為如果你直接講45天，大概就拿不到45天。這是最基本談判上的拉扯，以這例子來說，30天就是我們的開場，而45天是我們的目標。問買手問題後，你就保持沉默，最後買手有可能會打破沉默說：「那我們就用45天吧。」如果買手沒有打破沉默，30秒後你也可以打破沉默就說：「要不然45天您看怎麼樣？」

記住，只要雙方從談判桌離開時都滿意，那你的目的也就達到了。從以上例子來看，買手有可能認為他已經把付款期從30天推到45天了，而你也認為你把付款期從75天縮短到45天。但這種討論的內容方向很難預測，這就是為什麼你必須要先思考、練習，而且專注於你的目標。在商業上的交涉

和談判當中，大家最常犯的錯誤就是以為對方比自己強很多，然後早早就放棄一些堅持，而善用沉默會確保我們不犯這種錯誤，如果不確定就使用您的沉默。

上面的例子是基於買手可以直接做付款期的決定而不需請示上面的老闆。之前提過，一些大型零售通路有可能從買手手中把這個權限拿掉。如果碰到這種情況，要做的決定是你是否要買手去問他的老闆特別給你這個通融？如果你要買手去幫你做一些特別的事情，這個付款期夠特別嗎？你真的要買手去做這些麻煩事嗎？如果買手真的要幫你，你是希望他寫一個報告幫你調整付款期，還是希望他寫一個報告幫你做一個特別的促銷呢？對於買手來說這些特別的事情可能麻煩程度都是一樣，但是對你的公司來說可能不完全一樣。換句話說，一個業務必須要很了解他公司的財務狀況，這樣才會判斷是希望早一點收到貨款，還是未來想要和買手多合作所以請他多做一些促銷的活動來增加你的業績？當然，你也可以說我兩個都要，這也沒什麼不可以。但是要永遠記住，交涉和談判是看你可以給什麼，而你想要拿什麼來交換。什麼東西對你們重要，什麼東西對你們不是那麼的重要，要視每一間公司的狀況而定，這也是為什麼我們一開始就提到業務員必須很清楚知道自己要的目標。

總之，付款期限是可以談判的，但是很多供應商都沒有把這個項目當成是必要的手段來守住生意。對於中小型的供應商來說，這也是有老闆在現場的好處，因為老闆可以當場決定是否接受這個付款期。但不論公司的規模大小，業務都應該對公司願意接受的付款期有很清楚的方向。還有，業務

也要對這個零售通路的銀行信用度有所掌握，這樣才能決定願不願意接受比較長的付款期。

降價金 Markdown Money

降價金是買手用來填補降低零售價格後損失毛利的一筆資金。視通路商而定，買手們會用降價來增加銷售業績，或是把一些季節性的東西做折扣以增加銷售速度，這時買手通常會要求供應商提供部分或全部的降價金來保住他的獲利比例。重點來了，部分或是全部。你不用付全部的降價金，因為這個是可以談的。要降價的產品有可能是你公司的產品或是別家公司的產品。你可能要問，別家公司的產品要降價為何要我們付錢呢？有時候零售通路想把舊的供應商產品盡快地銷掉然後把你們的產品填補到架上是一種可能性。遇到這種情況，買手就會請新的供應商來付這個降價金，如果你們是新的供應商，你們的產品會更快的鋪貨到所有的店面，這就是為什麼有些供應商會同意付錢讓買手把別人的產品降價。這種情形常發生在新舊供應商交接的時候，但是一般都會在年度做商業評估時就事先和買手談好，要不然會突然出現一筆成本，如果真是這樣，你們也可以不用付錢。

另外一種和降價金很類似的作法，就是新供應商把整個貨架的東西買掉，英文叫做Lift，中文可稱為清倉或下架。如果遇到這種情形，一般通路商不會叫供應商付全額的零售價，而是有可能請新的供應商付零售通路的成本，或是成本

再打折，反正就是把整批貨拿走。通常新的供應商會把下架的貨賣給一些專門收舊貨的公司，但是收舊貨的公司大概只會付產品兩成左右的價錢，所以如果你採用這種方式，最終還是會有一些成本的付出。但因為零售通路的貨被你一次清掉，他們也必須馬上補新貨進去，那麼零售通路就有可能跟你們下一個很大的訂單，希望你們能夠透過這個大訂單的獲利來填補你們之前收購舊貨的成本。在做這種Lift之前，你們可以先和買手討論所有的細節和計算數字，你才能跟公司報告回收舊貨之前的投資成本時間。雖然這是買手最喜歡的方式，但對供應商來說等於是還沒賣任何產品就要投入一大筆資金。所以供應商大多會儘量避免，而是採取降價金Markdown Money的方式來處理。

另一種運作是買手必須要對你的產品做降價來清他的庫存。最常見的例子就是一些季節性的產品，比方說運動器材、聖誕樹和玩具等需要在換季之前一定要銷售完畢的產品。如果你們是屬於這類產品的供應商，買手很可能就會在季節末之前跟你們要降價金。季節產品的季末折扣對國內外各大零售通路及消費者並不陌生。做為一個供應商，你們也須要先準備好如何跟買手談降價金以消耗庫存，而降價金的多寡也完全是可以談判的。

給降價金的概念就是在保住一個未來生意的機會，所以供應商會把降價金當成是未來生意上的投資。一般零售通路買手不太願意用價錢來當作雙方未來生意的保證，所以作為業務，當然要問出一個未來生意的方向才可能大方地給降價金。碰到這種情況，通常會較難拿到零售通路買手白紙黑字

的證明，但如果有口頭承諾並有其他人在現場的情況下就會有很大的幫助。降價金也是屬於長時間談判的一種，取捨多寡都要審慎決定，所以了解你們公司的商業方向非常重要。

　　有些供應商甚至有辦法把降價金的危機轉化成一個轉機。他們會在談判一開始時減低買手對降價金金額的期望值，然後再過幾輪的談判之後，業務人員會回來跟買手提出比原本第一次談還要高的金額，如此一來，不但金額超出買手的預期，業務人員還因此和買手建立了良好的關係，因為買手會認為這個業務有很認真的在幫他爭取利益，之後買手生意上的策略也都會和這位業務討論。但這種結果並不是那麼容易得來，如果你有辦法做到，對一個業務來說，你將是你們公司的一大資產。

　　降價金可以是一次全部付清或月結方式。一次付清通常就是談一個總數，然後在買手調整產品價格之前先把這筆錢付給零售通路。對供應商來說雖然這是一大筆費用，但是也是一筆可以預知的數目。如果是月結的降價金，通常作法是每賣一個商品供應商再給多少錢，這樣你就無法預知每個月這部分的支出。而且，除非雙方有總數的共識，否則這種月結方式會一直付到所有庫存清空為止，當然月結的好處就是供應商不用一次就付出大筆的費用。總數和月結付款各有優缺點，所以很多供應商會選擇兩邊的優點，採用第三種方法。第三種方法就是之前有提過，供應商同意每賣一個產品就給零售通路一個數字的錢，比方說5塊錢美金，到了月底，如果通路賣了1,000個，供應商已先給這個通路$5,000美金。但在此之前，供應商可能會先跟買手達成一個總數的協議，

比方說每個月底月結，但是總數最多到30,000美金。這樣供應商可不必一次付太多費用，又知道花這筆錢的上限在哪。對買手來說，這兩個差別並不大，所以買手不會特別偏好哪一個方案。請注意，如果你碰到買手一定要先付一筆大錢的，你可能要注意這個零售通路的財務狀況了。我做業務時曾有這種經歷，在美國密西根州有一個大型零售通路在破產之前，就一直有跟供應商要求事前付錢的動作。

你可以在談判時把降價金跟未來的採購做連結。之前有說過很多買手可能會想要分開談。這裡再次提出來的原因是你在談降價金時，不要讓買手覺得這費用對你的公司輕而易舉，這樣買手才不會得寸進尺的要求。其實，我們仔細想一下，之所以會有降價金是因為買手認為你的庫存在他手上太多，如果你的產品庫存在零售通路的手上管控的好，要降低降價金的可能性就更高。你要知道這個通路商一季能賣你的產品有多少，另外除以每週的量大概會賣多少。那麼你可能需要在公司安排一個專門跑報告看買手庫存的人員。一些零售通路比如Walmart和Sam's Club就會讓供應商經由網路看他們自己產品的銷售跟庫存。如此一來，你們可以對產品在季節末的庫存做預測，這樣就可以減少降價金。如果庫存太高，你可能就要提醒買手不要再進貨。這也是為什麼很多大型供應商不只有一個人在看大型零售通路的庫存；依我個人的經驗，很多大型的供應商是用一個團隊在Bentonville那個小鎮專門幫他們看Walmart跟Sam's Club的庫存。雖然安置一組人馬在零售通路裡對公司是一項費用，但他們會把這費用當成是一個非常好的投資，不但無須花太多錢在降價金上

面，也因此得到了客戶的好評，認為他們是Walmart跟Sam's Club的優質合作伙伴。

促銷金 Marketing Funds

促銷金和降價金不一樣，促銷金是用來直接或間接促銷你的產品。理論上，供應商提供促銷金之後，買手會相對地給供應商一個比較大的訂單，也就是要促銷的數量。在美國的零售通路上，促銷金可以很多不同的方式呈現，我們這裡列出一些較常看到的使用方法：

- 季節目錄
- 報紙廣告
- 網路廣告
- 電台廣告
- 電視廣告
- 端架促銷
- 店內傳單
- 捆綁銷售

零售通路會以不同方式來促銷你的產品，所以當要做促銷時，零售通路就會要求促銷金。但你要付促銷金時最好先了解一些細節，因為這費用有可能只用來促銷你的產品，也有可能促銷很多個產品而你的產品只是其中的一項。買手讓供應商分攤廣告費的方式有很多種，常取決於零售通路和買手本身有多想要你的產品在這個促銷行列裡面，所以這個付

費沒有一定的規則。換句話說，是可以和零售通路談的。有時甚至是買手跟你推銷一個促銷案，雖然你不覺得這促銷案可幫助到你們產品的銷售，但買手一直跟你推銷，到最後你還是決定加入這個促銷案，原因是：

1. 你要支持買手的促銷案來保持雙方良好的關係。
2. 你不希望買手去找你的競爭對手來支持這個促銷案。
3. 你有可能已經跟買手交涉協商，並交換到未來更多的生意。

　　以上都是可能的原因，如果你覺得促銷案不是對你們太有利但還是付了錢，你一定要在促銷案之後仔細的計算，因為這是以後你跟買手協商談判的籌碼。總之，你就是要很清楚付錢之後對你們公司短期和長期的利益在哪裡。另一種情形，可能是某一個促銷案你們很想加入但是買手沒有挑到你們的產品。例如某通路商做了一次大型的夾報廣告，一般這種廣告主打產品都會在第一頁，你當然希望自家的產品能夠被放在第一頁，但是買手挑的是別人的產品。碰到這種情況，身為業務，你的責任是要去問買手如何才能把你們的產品放在第一頁。可能的答案有很多種，但是通常都是比供應商付促銷金的多寡。

　　整體而言，促銷金能為你的公司帶來兩個好處：1. 促銷你們的產品；2. 跟零售通路建立良好關係。所以你要基於以上這兩個好處來評估如何跟買手談判和建立關係。如你不清楚某促銷案能夠幫你們賣多少產品，通常買手可以給你一個

預估數量，你再根據這預估數量計算，即可知道這促銷案是否能夠為你們公司獲利。常常看到的例子是，有些業務計算了一下後覺得無法獲利，就乾脆不接這個促銷案，或者公司的財務跟業務說不要接這個促銷案。不獲利就不接促銷案，這個邏輯性是正確沒錯，但接促銷案也是長期建立關係的因素之一。買手有可能需要拿你們的促銷金去告訴他的老闆說，你們是個好供應商並願意長期合作。這也是為什麼有很多供應商知道付了促銷金之後可能不會賺到錢，但還是把促銷案接下來了，就是因為需要考慮到雙方長期的合作關係。

　　類似於降價金，促銷金也有很多種付款方式。再次強調，這些金額都是可以談判的。促銷金也可能是在促銷開始前先花一筆總數，或是每賣一個就給雙方已同意的某個數字。做為業務就是要事先把所有的成本都算好，從你們公司的成本以及和這個零售通路的長遠關係中找出平衡點，這也是一個優秀業務的挑戰之一。在與買手談判之前一定要有充分的準備，必須要知道你們公司想要什麼，如此才能設定你們的目標，有了清楚的目標，也才能夠有好的策略來準備你的談判。儘管這種有關錢的談判你可以延遲回覆，也許你可以說「我要回去問老闆一下然後再回覆你」之類的回答。這樣回覆是沒錯，但是你不要太常用。如果太常用，買手會認為你不是可以做決定的人，之後會想直接和你的老闆談錢的事情，那麼你對買手的價值在哪裡？也許你以後就很難在買手面前談一些重要的事情了。

貨幣兌換率

如果你沒有賣過東西給美國大型零售通路的經驗，你大概會覺得貨幣兌換率有什麼好談的，因為貨幣兌換率是國際貨幣市場決定的，關你們什麼事？通常，美國大型零售通路會提起貨幣兌換率的話題，也就是美金強的時候。但是，當美金弱的時候就好像這個話題不存在。當然這也沒有什麼稀奇，每間公司都會找對他有利的資料來談判。所以本書把貨幣兌換這部分話題提出來就是希望讓你對日後的談判做準備。

剛才提到，零售通路商唯一會提出貨幣兌換率的話題就是美金漲的時候。舉中國工廠的例子來說，如果美金對人民幣兌換率漲的時候，你的買手大概就會打電話問你之前報的價是不是要重新報價。我們用簡單的例子來說明原因：

1月1號，某供應商報價$100美金被買手接受。當時的兌換率是1美元兌6.4人民幣。

7月1號，零售通路付給供應商10,000個數量的貨款，也就是1,000,000美元。當時的兌換率是1美元兌7.1人民幣。

也就是在這六個月當中，美元兌人民幣漲了**10.9%**。（7.1-6.4）/6.4=10.9%

這種情形，通常美國零售通路會打電話給供應商把那10.9%要回來。一般供應商第一個反應當然會很驚訝，但這種做法在過去30年經常發生，應該說每兩三年就發生一次。所以，供應商要視情況來和通路商應對，這也是為什麼我們把這個話題放在交涉和談判的章節裡面。因為這部分我們沒

有固定的答案給你，你必須看情況再和買手交涉和談判。如果你做的對，還可以把危機化為轉機得到一些利益。要如何看情況而定呢？

　　首先，你要回去查看你跟這家零售通路所簽的合約裡，有沒有談到任何有關貨幣兌換率的內容。通常貨幣兌換率並不會寫在供應商的合約裡，因為理論上來說，貨幣的匯率是一把兩面刃。零售通路的律師大概也不會在合約中提到，因為提了反而可能會傷到自己。因此，法律上來說沒寫在白紙上表示不需要還給零售通路10.9%的差額。

　　既然你們已經知道法律上你們站得住腳，接下來要談判無非就是彼此的關係加上未來的生意。幾乎所有談判訓練的課程和書籍都提到80%的談判來自於準備工作跟設立目標。對於這種貨幣兌換率的談判也是如此，設立你的目標非常重要，有捨有得，雖然你不欠他們，但是考慮到彼此的關係跟未來的生意，這時你就要思考還有什麼可以交換的東西。如果未來的生意完全沒有機會，那大概也可以不用再談，因為整個交易過程已結束——報價、出貨、付款都已完成，你不需要把已收的錢再退回去給通路商。大部分的供應商會選擇和通路商討論這個話題都是考慮到未來的生意。所以如果你完全不理會買手這個10.9%的問題，他可能會把你列入不受歡迎的合作對象，你大概也不想被貼上這標籤。

　　在生意場上，我們都聽過所謂不要過河拆橋或是山水有相逢之類的話。因此，大部分供應商還是會選擇跟零售通路買手協商談判，不會直接就避不見面。既然要協商就必須要有準備。請注意這個例子的10.9%是來自於1月1號和7月1號

的不同兌換率，所以這兩個日期是談貨幣兌換率的重點。首先你要同意這兩個日期，不然這個差額的計算就會有爭議。雖然有兩個日期和兩個兌換率這種辦法來計算差額，但是零售通路商還是會做一些假設，儘管這些假設並不是全部都可成立。所以在協商和設定目標之前必須要先去了解零售通路商所有的假設，也許你會發現有些可以一一擊破的地方。零售通路商通常會有下列的假設：

假設1：中國工廠的工錢和材料錢都是用人民幣計算。——事實上很多供應商材料是向國外進貨，所以他們材料也是付美金。

假設2：中國工廠收到美國匯款後立刻轉換成人民幣。——事實上大部分供應商都有美金戶頭，他們收到美金貨款也未必會馬上換成人民幣。

假設3：所有的出貨期都在同一天。——通常大型的通路商不會把所有的訂單都壓在同一天出貨，所以不同的出貨日也就是表示有不同的收款日，如此貨幣兌換率的計算就會很複雜。

光上述的幾點假設很可能你的公司就無法接受。好消息是這些假設都可以用很簡單的一張Excel來計算，這對你談判之前的準備非常有幫助。很多零售通路常常會很複雜地計算出一筆要供應商付的錢，這也是為什麼前面提到你必須要非常清楚如何計算這個差額。當通路商提出他們的金額時，你就可以詢問他們是如何計算。請注意，這裡不是要跟買手吵

架，只是要聽聽看他們是怎麼計算出這個數字。以我的經驗，大部分買手這部分都會解釋得不清不楚。只要不完全清楚，那你的機會就來了，你可以表示願意跟他合作的誠意，只是這個總數有點問題。基於數字上有些疑慮，那麼你的機會就來了，也就是達成交換條件的機會。當然，你首先也要很清楚想要和他交換什麼內容。

以上述為例，$1,000,000的10.9%也就是$109,000。如果你的公司不願意付全額$109,000，那你們準備付多少？你們希望能交換到什麼生意承諾？你如何運用願意付的錢來換取未來可能更多的訂單或者是更多促銷計畫？重點就是你如何把危機化成轉機，讓買手知道你們其實沒有欠他們錢，但是很願意跟他合作成為一個生意上的好夥伴。

聰明的供應商會把這種看似義務的東西轉化成生意機會。你可以先開給買手一個比較低的數字然後慢慢往上加，讓買手有成就感，覺得他達到了一些目標。之前講過，買手們都有一定程度的自負，所以你要給他一點成就感。接著你再把數字往上移，完全就可要到一些未來生意的承諾。沒錯，買手可能不願意這時許下任何承諾來換取這種成就感，但很多買手也會在這當下用比較和緩的口吻和態度，因為他也希望氣氛緩和了之後，你可以多給他一些錢。記得，談判不是件舒服的事，你不舒服，對方也不會好過，買手向你提出要求只因為好向老闆交代。所以當你詢問一些未來的承諾時，說不定買手早就計畫未來要買你們的產品了，只是還沒

有說出口。你一問之下，買手為了要更快達到要錢的目的，可能就會把未來的計畫先分享給你。買手提早把未來要採購的數字跟你說是他一毛錢都不用花的事，但是對你來說卻是一大利多，譬如你可以請工廠提早準備訂單以節省成本等之類的部署。所以買手有可能直接跟你說他的計畫來換取這筆$109,000的匯率差額，這樣對你就有好處，所以不要一次就把價錢出滿到他的期望值，先保留你的態度，然後慢慢往上談判。

貨幣兌換率的問題很可能是零售通路商財務部門下的指令。兌換率差額的計算其實不是那麼難，但大部分買手不太了解其中的來龍去脈，而你的目的也不是在會議中指出那些錯誤的計算讓你的買手當場難看，而是要想如何把這段對話轉換成一個商機。因此，你不需要和買手就此問題爭吵，先搞清楚那些計算的細節和你所想要交換的條件，你才能斟酌要取捨什麼。況且很多買手是被財務部門推出來提出這個問題，所以買手在大部分情況下只希望趕快把這個話題結束。但是你想要幫他儘快結束這話題不是他要什麼都給他，而是等你感覺到買手很想趕快結束話題時，他很有可能會對你要的東西做點讓步，那麼你的目的就達到了。這也是為什麼本書一開始即一直強調做功課的重要性，先知道你想要什麼可以交換什麼，這就是談判和交涉的目的。

最後，你大概會問如果美金貶值怎麼辦？我可以請買手多付我一點錢嗎？答案是可以的，但這個談判就會有點難以順利。基本上你就是在漲價，幾乎所有零售通路買手一碰到漲價一定要向上面老闆報告。試想，漲價之後零售通路可能

要調高零售價或降低他們的獲利，你大概可以想像買手在向老闆報告這種事時大概不會太輕鬆，因此買手當然也會儘量避免。如果你要去漲價是因為美金貶值大概會有點難說服買手。因此跟所有的談判之前一定要先做功課一樣，確定你的目標，第一次開價和你的最底線，這三項是所有談判中最重要的數據。很多業務都沒準備目標，也不知道做第一次開價，最終得到的交易可能比他的最底線高一點就覺得心滿意足。什麼叫做最底線？最底線是你能夠做生意的最低限度，低於那條線等於沒有生意可談；比最底線高一點就滿足那是錯的，因為這底線有可能比你的目標都還要低，但很多人就是甚至連一個目標也沒有，千萬不要犯這種談判上的錯誤。

產品下架策略 Exit strategy

也可以叫做產品的退場機制。一般零售通路買手會詢問供應商在季節結束前的產品退場機制，也就是如何把那些少量的庫存分散在幾百家店裡面出清。產品下架策略有分成正常產品和測試產品，兩者不盡相同，讓我們分別來檢視一下。

當一個產品是正常季節性產品的時候，買手還是會在季末和供應商談清庫存的策略。總之，通路商就是想把季末庫存的風險轉嫁給供應商。因此下架策略（Exit Strategy）其實就是另一種型態的降價金（Markdown Money），只是名稱不同而已。看到這裡先不用緊張，如果價錢對，很多事情其實都很容易解決。所以你在報價的時候要考慮到未來下架機制

的費用，是否要先把這筆費用灌在你的報價裡。雖然這不是什麼高深的道理，但是你在報價時還是要考慮下面兩點：

- 零售價和你報給零售通路的價錢是成正比。如果報的價錢越高，零售價也會越高。
- 銷售數量通常和零售價是成反比。如果你的報價越高，零售價也會越高，那你的銷售數量可能就會降低。

　　要確保不拿石頭砸自己的腳，最好的方法就是和買手先協調好出貨數量。整體上來說，你應該有產品在一季裡銷售數量的大致概念。大部分的供應商可以從其他的客戶（也就是現有的其他零售通路）那裡得到這銷售數量。如果你的產品是第一次賣給大型零售通路，那就可以問你的買手或是問買手的企劃。所謂企劃主要負責買手的錢，也就是如果買手是他這個部門的CEO（Chief Executive Officer）的話，企劃就是這個部門的CFO（Chief Financial Officer）。企劃也是決定買手可以進多少貨的人。在大部分情形下，企劃大致上會知道每一個產品一個季節大概會賣多少；他們是根據零售價格、類似的產品，還有他們零售通路每季的執行來判定一個產品大概會賣多少數量。但一個好的供應商還是要有自己的看法，也就是企劃所說的數量你必須要同意才行，因為你才是這產品跟行業的專家。你要避免通路商下的訂單量太多或是太少，如果他們下太多訂單，表示在季末會有很多存貨，那你所要付的產品下架金相對就會很多；但如果訂單下少了，對買手就會有兩個大麻煩：首先，你的公司和買手都失去了多買一些貨的機會，也就是失去了賺錢的機會；另外，

買手會碰到空貨架的狀況。空貨架對買手相當不利，因為美國零售通路是算每一平方呎的營業額，如果他有貨架是空的就表示沒有產能，這時買手就得向上級報告解釋這種狀況，所以你千萬不要因為訂單下的太少讓你的買手被老闆請去喝茶。

當你和買手一起算出整季的總數量之後，你也就可以推算出季末的庫存。根據這個數據計算出大約需要多少費用來清這些庫存，也就是產品的下架策略。所以這個概念跟降價金類似，最簡單的方式就是把這筆錢計算在你的報價裡面。雖然下架策略可以跟買手談判，但談判的時候不要呈現一副很緊張的樣子，因為如果看起來很緊張表示你不認為你的產品會賣得好。如果你都不覺得產品會賣得好，那通路商會比你更緊張，可能就會選擇不把產品放到店裡，最終也就是放棄購買你的產品。

如何處理退貨

大部分美國零售通路都會有讓消費者享有30天內無條件退貨的政策。有的零售通路提供60天，有的甚至是無限期可退貨，這就是美國零售常見的口號「保證滿意」（Satisfaction guaranteed）。退貨政策一般都是用於非食品類的產品，但也有一些例外。一般零售通路對食品類的產品有不同的退貨政策，通常買手無法改變他們公司的退貨政策，所以你必須要非常了解每個零售通路客戶的退貨政策來預期可能的退貨及扣款。

第一個要預測的是退貨率。如果是一個沒有銷售歷史的產品，你跟買手就需要一起推算出可能的退貨率。退貨率一般由幾個重要因素決定：

1. 產品的表現 VS.消費者的預期。如果你的產品表現不如消費者的預期，那退貨率相對就高。

2. 產品的零售價。整體來說，如果產品的零售價越低，消費者拿回去店裡退貨的機率就越低。以美國來說，如果產品的零售價低於20元美金，通常退貨率會比較低。當然，這不包括一些讓消費者真心失望的產品。

3. 零售通路的退貨政策。如果通路商的退貨政策越寬鬆，你就會看到越多退貨。

除非是一個全新的產品，否則可以從歷史紀錄得到零售的退貨率，如果你的產品在其他通路商販賣過，也可經由過往紀錄來推算可能的退貨率。當然，不同的通路買手可能會加入他們自己的看法，因為他們了解自己公司如何處理消費者的退貨。這樣你們雙方就可基於這些資訊在原有的退貨率上做加減。如果買手已經買過類似的產品，他就可以分享大概的退貨率，即使你的產品跟買手之前買的產品可能不完全一樣，這也是你和買手需要交換意見的地方，然後產出一個合理可以預期的退貨率。一些沒有經驗的業務人員犯的錯就是和買手爭論退貨率，認為自己的產品比其他供應商之前的產品還要好，所以退貨率會比較低，但是買手大概都不會接受這種說法。

接下來，你和買手要一起決定如何處理消費者退貨的產

品。你可以請通路商直接在店裡丟棄或者請他們寄到你指定的地方；如果是寄到指定的地方，供應商可能需要負擔運費及手續費。這部分每個供應商的執行方式各異，有些供應商的研發人員會想要研究消費者退貨的產品，有的供應商則不需要。如果你們公司的研發人員可從退貨產品中學習到如何改良產品設計，你就應該把產品拿回來提供給研發使用。一個好的業務團隊應該和研發團隊共同討論這件事情，很多業務團隊犯的錯誤就是一聽到要付費，就請通路商直接在店裡將退貨銷毀。其實這個費用對研發團隊是一項很好的投資，也是你對面對競爭對手時勝出的方法。

如果產品是屬於高風險比如刀或槍之類型，為了安全起見，你們應該把退貨的產品拿回去。如果是低風險而且退貨的產品沒有研發價值，那你就可以請通路商直接在店裡銷毀。直接銷毀是供應商最節省成本的方法，有很多退貨產品還是完好如新，有些通路商甚至會自己決定把產品捐給一些社會單位，這是基於通路商自己的決定而與供應商無關。

基本上你可以和買手談退貨的手續費。不同的通路商有不同的政策，通常這個手續費是可以談的，但你要先決定哪一種退貨方式是對你們公司最有利。很多亞洲供應商決定不收回產品就會在報價中加1%或2%準備給退貨使用，這剛好讓我們進入到退貨津貼Return Allowances的話題。

和美國通路商做生意我們必須要了解退貨是正常的事。當買手和供應商對退貨率的百分比達到共識，通常供應商會直接讓通路商在付款時先扣掉那個百分比，這就叫做退貨津貼Return Allowances。表示供應商不需要看退貨的產品，所

以也就不用付任何手續費，這是對一些低風險的產品非常有效率的做法。通常通路商會保留在年底重新核對的權利，如果真正退貨率沒有超過供應商給他們的退貨津貼，這部分就到此為止。如果真正退貨率超出了供應商所提供的退貨津貼，零售商就會向供應商要超過部分的費用，這些細節視通路商和產品而定。

之前提到，很多供應商會直接在報價裡加幾個百分比表示這樣就把退貨的事情處理好了。這聽起來似乎很容易，但是有些地方還是得要注意，如果你想成為這個零售通路的好夥伴，不要想在退貨津貼部分玩手腳偷偷多賺點錢，而是應該運用你的專業知識分享你覺得正常的退貨率。有的供應商會自作聰明地在報價上加一點退貨津貼的百分比，然後再讓通路商付款時扣除退貨津貼。如此一來，這個供應商就可以確保真正退貨率不會超過原本退貨津貼，而原本退貨津貼的百分比他們早加在價錢裡面了。但這個動作會讓供應商面臨兩大風險：

1. 你的報價太高導致買手不買，或者是零售價變得太高。這兩者任何一項對你的業績都會受到影響。

2. 因為你建議的退貨率太高，買手不認為你的產品品質好。

但是，你也不能給買手一個低於你知道的退貨率，因為這就算欺騙。當買手發現實際退貨率比你告訴他的還要高，那他以後對你所說的話就會有所懷疑。千萬不要把自己放在這種局面，你應該從公司的產品品質及設計上面去獲利，而

不是從退貨率上面動手腳來獲利。

保證銷售 Guaranteed Sale

通路商會要求保證銷售Guaranteed Sales有好幾個原因，最常聽到的就是新產品在小數量的店裡做試賣。比較沒有經驗的供應商一聽到保證銷售就會緊張。這也是為什麼你要學習協商和談判，只要了解零售通路如何作業，保證銷售的要求就沒有想像中的那麼可怕。

首先，你要問自己兩個問題：第一，你們有多麼渴望把你們的產品放到零售通路架上去？第二，你真的相信消費者會喜歡你的產品嗎？如果你對保證銷售的要求表現出遲疑的態度，那麼買手有可能會因為這樣而決定不測試你的產品，因為他可能會解讀你也不覺得這個產品能賣得很好。如果你很相信自家的產品也非常渴望把新產品放到零售通路測試，那你就要有完整的銷售計畫，這當然也包含了通路商的保證銷售要求。當你接受保證銷售的要求後，等於把百分之百的風險都移到你們的公司；通常在這種狀況下，買手會給供應商比較多的自由度來建議零售價和庫存量以設計一個完整的行銷測試。

在美國大型零售通路行業中，有時候會聽到一句話叫「這個世界沒有不對的產品，只有不對的價錢。」（There is no such thing as bad item, only a bad price.）也就是說，不管產品有多麼差，只要價錢夠低就會有人買。當你接受保證銷售的要求時，也應該建議一個讓你有信心的零售價，先了解這

個零售通路的零售價和你們報價的比例。如果你相信你的產品可以賣高一點的零售價格，那麼就報高一點的價錢給買手，如此一來，你可以從這兩方面來保護你們公司：

1. 如果零售價太高，你永遠比較容易將價格從高往下調低，卻很難從低價調高。
2. 當你必須要把價錢調低來清庫存時，之前賺的就可用來支出這筆費用。

提醒你不要在一開始就把零售價訂的超級高，因為這樣買手可能乾脆就不買。很多供應商犯的錯就是把保證銷售的產品讓買手訂太低的零售價格，結果變成這產品一上市就賺不了錢。建議把保證銷售產品的計畫設計簡單一點，如果你有降價金來清庫存的計畫，保證銷售並不可怕。重點是你真的認為消費者會喜歡你的產品嗎？

你應該要知道買手平均獲利的百分比，而根據這個百分比預測出經由你的報價後，買手的零售價大概會是多少。這件事情你要默默的做，因為買手最討厭供應商算出他的獲利百分比。如此一來，當買手向你殺價的時候，你就可以問他的原因，通常買手的回答是他想要達到某個更低的零售價格點。這時候就是你的機會去「建議」買手不需要第一次就把零售價訂得那麼低。你也可以分享一些市場資訊，比方說其他通路商的零售價作為參考，這樣更有說服力。如果別的零售通路商零售價較高，你能報給買手的價錢就越高，也就是你們公司的獲利也就更多。你可以提醒買手，既然這是保證銷售的產品，如果真賣不出去，風險還是屬於供應商一方。

逐步地在買手的思維裡刻下通路商沒有風險的印象，如此你就可以不用一開始就訂太低的零售價。

千萬記住，買手真的很討厭別人倒算他的成本，所以如果你要倒算他的價錢千萬不要讓他知道。其實這也是供應商要如何處理買手自大心態的例子，最好是在這個話題上裝傻。放心吧，大部分的零售通路買手不會看這本書。練習好如何處理買手的自大心態，你的生意就會更上一層樓！

你也可在庫存方面下一些功夫。一個好的製造供應商應該要把零售通路當成你自己的經銷商。所以你也必須告訴零售通路你的產品在店內要如何擺設，數量要多少看起來賣相才會佳。如果你的產品是屬於必須一次大批量進貨才能讓店內陳列好看的話，你就必須建議買手這樣做，零售產品很多是用大量的展示來吸引消費者的注意。當然大部分的買手會因為資金積壓而不喜歡一次大批量的進貨，這也取決於你的付款期，如果你給買手的付款期夠長，因為是保證銷售，買手應該沒有做大批量進貨的問題，畢竟所有的風險都在供應商這邊。所以你應該把零售通路當成你的經銷商，真正去研究如何在售價和數量上取得平衡。即使最終這個保證銷售測試並不賺錢，你也可以整體評估及學習當中的過程和費用成本，這對你的公司也是一種長期的投資。

記住，如果你同意保證銷售，也就是公司承擔了這個測試的風險，你就必須把自己銷售的想法放進去，不可以被買手牽著走。為什麼？因為買手也不知道！如果他知道會直接購買或不買，也就不會做測試及保證銷售。他需要測試也表示他想要學點東西，或者是他的老闆也想要看產品的市場反

應。如果你一直聽從買手的想法，表示你也不是專家，沒有人想和一個非專業的業務做生意。

獨家銷售

在美國，如果兩家零售通路在同一個區域賣完全相同的產品，常常會變成拼價錢拼到兩家零售通路都不賺錢。所以有時大型零售通路會要求獨家銷售，也就是專賣，來保證他們不會跟其他通路競爭。如果是專賣，當然他們就可以把價格訂得比較高，利潤也相對地比較高。如果你認為你們的產品會造成很大的市場需求，那請你先準備好當買手提出這個要求時如何應對。

你應該在何時提出讓零售通路專賣呢？我的建議是盡量不要提，除非你認為這是唯一有辦法幫你敲定生意的方法。因為如果你太早提出獨家銷售的建議，買手可能會警惕他們變成唯一賣這個產品的通路商，不但可能拿不到生意，還可能讓買手對產品有疑慮而不敢下手買。最好提出獨家銷售的時機是在當你感覺買手正猶豫不決，而專賣的方式有可能增加買手的信心，你就可以提出來敲定這筆生意。

但如果是買手先提出來，那麼整個情勢就不一樣了。買手先提出來傳達出一個很強的信息，那就是他想要買這個產品，想要在市場上捷足先登。所以，你和團隊每次在展示新產品給客戶看之前，一定要先思考到獨家銷售的問題。如果你們不想讓任何通路商專賣，就需先想好如何有禮貌的拒絕這個請求，同時又不會把氣氛弄僵。因為如果你回覆的不

好，買手可能會覺得你已準備要把這個新產品賣給他主要的競爭對手。這就要看買手有多強的市場獨占慾望，有的買手可能會因為不能專賣而拒絕你，所以一定要準備好，這才是真正的談判！

獨家銷售與否也不一定要馬上給出「可以」或「不可以」的答案。就因為任何事都是可以談判的，很有可能你們會協商出一個介於專賣與非專賣之間的方式。你所需要的就是運用你的想像力來創造專賣計畫。

你可以依產品的規格、市場時間或者是販售區域的不同來讓通路專賣。這裡列出一些細節提供參考：

・產品規格：不同的規格或功能。產品的顏色或包裝也是一種可能的解決方案，但其說服力沒有產品規格來的強。

・上市時間或季節：你也可以給某一通路三個月或六個月的專賣。這要看產品性質，有可能你先讓一家通路專賣，然後趁市場需求還在的時候，再將產品展示給其他的通路買手，這樣兩邊都不得罪，你也可以爭取最大的業績。

・區域性：不是全美國的通路商都是全國性的。只有幾家是比較大型的全國性通路。大部分都是區域性的通路商。所以你可以給區域性的通路商在他們的區域裡專賣，還可以專賣給在其他區域的通路商。

你必須把獨家銷售當作最後敲定生意的武器。如果你一開始就提出來，那大概幫助不大。而買手什麼時候會提出這種要求也很難預測，所以你一定要好好準備這個話題，畢竟獨家銷售真的是一個進可攻退可守的工具。

安全庫存

有很多通路商會要求供應商放一些安全庫存，尤其不是美國製造的產品（如果你在看這本書，那你賣的產品可能有90%不是美國製造）。基本上，零售通路就是要供應商幫他們放庫存，等突然需要很多貨時可以在短時間馬上取貨，這樣他們不用積壓庫存資金，又不用等從亞洲運貨過來的冗長交貨期。

安全庫存也是一個你可以和買手協商和談判的主題。和獨家銷售一樣，你可以利用安全庫存來幫助你的生意。因為通路商把庫存資金的壓力放到你那邊，如果你在價錢上加幾個百分點的話，買手一般都不會太嚴苛。因為他知道把產品從亞洲運過來，你會有運費、關稅，還有一些手續費用，加上你還會有倉庫的租金及人工費用。這些林林總總加起來把它全部算到產品價錢裡，買手也都會了解。你要注意的是有沒有賣完全一樣的產品去給其他通路商？還是這個通路是這產品的專賣？這種做法各有優缺點。

假設那個買手要你放一些安全庫存，而你也是賣給很多產品給他，那麼對你來說其實是安全的。因為萬一他們不買，還會有別人買。但是你還是可以利用買手這項要求，請他給你一個清庫存的承諾。舉例來說，如果通路商要求你放八個星期銷售量的庫存，你就提醒他們這完全是針對他們的服務，如果他們決定不買這個產品的時候，就要請他們把在你們倉庫八星期的庫存量清掉。通常這種承諾大部分不需要請律師寫合約，彼此一個電郵交換即可。對很多通路來說這

是很正常的做法，但還是有些通路商也會在停止銷售一個產品之後，就不願意去清供應商的庫存。這種事情也確實會發生，最常碰到的通常在舊買手離開新買手剛來的時候，新的買手就會鼓勵供應商把那些庫存產品賣給其他通路商。遇到這種情況，大部分供應商不會要求買手硬是把庫存清掉，雖然他們站在有理的那一方。厲害一點的業務就會當作是機會，幫了買手一個忙，有時買手就會覺得這供應商解決了他的庫存問題，反倒認為這是一家好供應商，有些業務就是利用這手法來建立關係。

做安全庫存最難的就是如果產品只給一家通路商，或者根本就是那家通路商的自有品牌，那麼供應商就要很小心了。萬一通路商改變主意不清庫存，供應商就很難把那些庫存賣給其他客戶。想要準備好這部分的談判，你必須在一開始就很了解所有的細節及你所有的選項。有的業務真的就會請律師寫好清庫存的合約讓通路商簽。對供應商來說，保存客戶自有品牌的庫存是幫通路商一個大忙，很多供應商也因為這種特殊的服務而因此拿到生意，但這要視供應商內部情形來決定。所以業務一定要對內部的財務部門和管理部門解釋所有庫存的細節和存在的風險，如此有關部門就會知道為什麼要做這項服務。其實供應商也有可能因為安全庫存的服務多賺了幾個百分點的利潤。所以，最重要還是需要業務清楚分析和充分準備才能夠去做這項談判。

總之，所有的談判都是要看你想要拿到什麼和你能給什麼。你在每個談判之前一定要很清楚知道你的目標。做足功課訂好目標後，一定要把你的目標清楚地寫在看得到的地

方，如此可以在你談判過程中提醒你。根據你的目標來決定你的最底線是什麼，也就是說你在什麼時候要離開談判桌。當然，沒有達成協議是完全有可能的，所以你一定要有心理準備。如果沒有把目標寫下來，很多人會在談判當中因為話題的偏離而忘記了自己的目標。很多人就只記得自己的最底線，而最後成交的價錢也可能比自己的最底線好一點而已，然後就覺得自己談判的很成功。請不要忘記，最底線是你願意做生意的最基本線，如果比那條線還低就表示沒有生意可談。所以比最底線好一點並沒有什麼好慶幸，因為這「好一點」可能距離你的目標還很遠。再強調一次，這是為何你需要把你的目標寫下來放在自己看得見的地方。在談判的時候，眾人情緒皆緊繃的氣氛中，寫下清楚的目標會幫助你的思考。

另外一個很重要的數字就是最初所提的價錢。如果你是賣方，價錢從高到低的排列應該如下：你最初提供的價錢（目標）最底線。最初報價應該要比你的目標高些好讓買手可以往下談，這一大部分是要處理買手的驕傲與自大心態。如本章開頭所提到，談判就是要雙方都滿意，你讓買手覺得滿意，生意水到渠成的機率就更大。

本章重點

◆ 你在交涉與談判方面的能力決定了你們公司的獲利，其重要性不可言喻，所以一定要想辦法不斷地提升。

◆ 在每個會議，每次談判，甚至每通電話之前一定要有很清

楚的目標。根據你的目標做好功課，資料準備充分以達到
你的目標。

◆基於你的目標來決定最初提供的價錢，以及你的最底線。
談判不是只局限於價錢還有其他眾多因素。必須所有因素
都有共識，談判才算達成協議。

◆只要事前下功夫準備越多，你在談判中的恐懼就會越少。
談判就是雙方都要滿意，也要讓你的買手滿意。

第四章
開啟銷售之路

　　和很多項目一樣，與美國零售通路做生意需要的是毅力和耐力，如果你是新的供應商更應如此。大部分的供應商都太早放棄。我們在上個章節有提到買手的傲性，其實這種情況在哪裡都有，很多工廠老闆也很有個性，甚至比買手還要嚴重。很多中小型企業的老闆可能自己就是主要的業務，就因為老闆可以在會議中馬上做最終決定，其實這對很多零售通路買手來說是很歡迎的。但這裡要提醒老闆們在開會時可能要注意自己的情緒管控和傲氣。有些時候他們太早放棄的原因是把自己的姿態放的太高。因為他們長時間在工廠裡很少聽到和他持反對的意見，如果這反對意見是來自於一個年輕的買手，對許多年長的工廠老闆來講更是很難接受的事實。他們會把反對意見直接當成是拒絕，而不是拿到訂單的必經之路。因為不知道如何去處理反對意見，所以當他們一聽到買手表示不同意就會直接放棄。而你作為業務，一定要有毅力來處理迎面而來的反對意見以達成你的目標，否則你的生意很快就會被你的競爭對手拿走。拿破崙希爾在《思考致富》那本書裡，用了一整章來強調毅力的重要性。作者說，你的毅力來自於對你目標的渴望。如果你只有小小的希

望，那你大概不會那麼拼命去達到目標；如果你對達成目標的渴望非常強烈，那就會用出你所有的資源和時間來達到你的目標。

把希望變成渴望

很多工廠都希望和零售通路商直接做生意。當他們終於可以跳過貿易商直接和零售通路商做生意時，常犯的錯誤就是把目標值設得太低。他們打電話和買手約見面，然後「希望」拿到生意。當沒拿到他們所希望的生意，就會說我們已經嘗試過，所以就這樣放棄了。這種對「希望」沒有很強烈的心態是因為他們不知道為什麼要拿到這筆生意，還有就是根本不清楚他們可以從這家通路商拿到多少生意。想要把一個希望變成一個渴望，你一定要知道從這家通路商你們長期可能會拿到的生意，而唯一的答案只有你自己做功課研究了。

確定潛在的生意量

有很多方法可以知道你們跟一家通路商合作的生意量。除了最簡單的直接問買手，或到店裡看貨架大小，也可以從別家通路商買手身上得到答案。當你確定這個零售通路潛在的生意量時，內部就可以去研究你們有多想要得到這筆生意。如果你們認為這生意不值得去拼命，寧願把資源用到別處，那就是你們要做的決定。反之，你們就必須全力以赴設

立目標，運用這本書提供的資料來爭取生意。此外，你們應該要分析這筆生意對你們公司除了業績和獲利以外的好處。比如說跟這家通路商做生意你們可以學到哪些管理或是市場方面的經驗，可以把和這家零售通路合作的所有長期好處列出來給整個團隊看，幫助團隊把「希望」變成「渴望」去爭取生意。而這個渴望就是你們團隊保持毅力的原動力。

被拒絕是贏得生意的過程

被客戶拒絕只是一個過程，絕對不是一個結果。這是我還是年輕業務時所學到最有用的一門課，因為它教會了我注意自己的驕傲和對自我的懷疑。一般來說，能夠和美國人溝通的亞洲業務一般教育水平都不低，很多是在亞洲長大而後在美國接受教育。不少業務在學校時書讀得也很不錯，可惜大部分所學都是從大學教授和教科書上而來，問題是大多數的大學教授沒有和零售通路直接交手的經驗，並不了解一家工廠如何跟零售通路做生意。而且這個話題也很難寫進教科書裡面，難處是因為我們終究還是在跟人打交道，很多事情難以公式化的描寫出來。所以學校成績好並不保證日後你在和通路商打交道時就會很順手。大學裡所學的基本商業知識還是有用，但沒有一個課程能夠保證通路商最後會選擇和你合作。這對很多好學校畢業的學生來說是個很難接受的事實。如果又加上被通路買手拒絕，很多人會開始對自我能力有所懷疑。

如果你看這本書因為要啟動你的業務生涯，那麼你走運

了！讓我告訴你一個大祕密——被拒絕是你最好的朋友，而且被拒絕越多次越好。因為每個拒絕都會幫助你成長，都有你值得學習和改進之處。想要學到東西，去承認和認識自己有改進空間的想法非常重要。但說實話，這對名校畢業的高材生很難接受。所以首先要克服是自己的驕傲和自大心態。美國白手起家的企業家Mark Cuban說過一句話：「每一個NO讓我更靠近YES。」重點是從每一個NO裡，你學到了什麼？你要對你的企劃案做什麼修正才能讓你下一個機會更大？這就是學習。有些所謂的高材生已經很習慣教授們的稱讚，當他們聽到買手說NO，對他們簡直是天打雷劈。有時候一些買手甚至會暗示新手業務，說出類似「你們不知道怎麼跟我們做生意」的話，這種反饋對這些高材生更難接受。

　　類似的情形也會發生在工廠老闆的身上。在我舉辦的培訓課裡，有不少工廠老闆來向我學習如何跟美國零售通路商做生意。他們來參加培訓課的目的是因為他們已經不想再讓貿易商在中間賺取如此高的獲利。但是這些比較年長的工廠老闆們最大的挑戰也就是面對美國年輕買手的拒絕，或說的更精準些，有些買手甚至直接跟這些工廠老闆說你們還不夠有資格跟我們做生意。對已經習慣了工廠員工對其馬首是瞻的態度，一旦被買手拒絕這對他們的情緒可真的是一大挑戰。甚至很多老闆不會在他的員工面前承認，原來他們還有很多生意上的事情要學，會認為很沒面子，而這種恐懼感就會降低他們爭取生意的積極性，所以就會把談判結果的希望放得很低。如此一來，就不會很努力的去準備、找資料和做功課，所以拿到生意的機會當然就很低。又由於他們自大的

心態作祟，這些老闆們常常就會說出一些如：「哎呀，我們也不想做這個生意。」或是「哎呀，零售通路不是我們想要的生意。」之類催眠自己的話。

從錯誤中學習並不是一個新的概念，但是很多人卻選擇忽略它。這個理論在人生各方面的成長都適用。其實能把被拒絕轉化成學習也是需要一些技巧。當業務人員認知到這個概念和技巧後，他的業績將會無法抵擋。從統計學上來看，業務人員被拒絕的機會遠比被接受的機會大很多，大概有80%或90%的機率會被拒絕，依不同的行業而定。聰明的業務就會把那80%到90%的拒絕轉化成學習的經驗，進而儲存能量以迎接未來被接受的各種可能性。

我常常教很多年輕人在求職面試的時候，只要對方提到有點攻擊性或者是挑戰性的問題，那就表示對方快要買單了。有些年輕人會不喜歡有挑戰性的問題，但是他們卻不知道有時是因為對方想要錄取他，但在一些小問題上面對方的老闆可能之後會問到，所以面試者就必須先要有一個答案來做準備。只要被面試的人知道怎麼處理這種問題，被錄取的機率就非常的高。這其實也是一種用來測試反應的問題，和面對零售通路買手一樣，當買手拒絕你的時候，不用感到失望，反倒是要去尋找可以學習之處。接下來，讓我們來談談供應商被零售通路拒絕的原因。

產品或品質不符合

當零售通路跟你說產品不對是什麼意思呢？有可能是產

品不適合他們的通路或是品質沒有達到他們的要求。在和任何一個零售通路接觸之前，你應該先研究並了解你的產品是否適合這個零售通路。這些資料很容易查到，你可以先看他們目前店裡所賣的產品或是上網搜尋。如果他們目前貨架上有你競爭對手的類似產品，那你就知道產品種類應該是沒什麼問題，但如果這個零售通路店內和網站上都沒有類似產品，那你就要跟買手說為何需要把你們的產品放在店裡賣。請記住，你這個問題是要對零售通路有好處而不只是對供應商有利。回答這個問題需要一點技巧，但整體方向應該是告訴通路商他們已經失去了一些增長業績和獲利的機會。你的業務團隊必須要提出一些有利的市場資訊來證明你的看法，如果沒有，就很難說服零售通路買手去買一些完全沒買過的產品。

另外，零售通路也可能因為你的產品品質不合乎他們的標準而拒絕你。你不需要把這個理由看得太嚴重，反倒要把它當作是學習的機會。當然，聽到別人告訴你的產品品質不夠好時，一般人都會感覺不舒服，尤其是業務本身是產品研發人員。重點在如何保持開放態度，聽取意見之後，一個好的業務必須把這些反饋分享給工廠的研發同事。很多想成為供應商的工廠到這階段就放棄，但這也是一個普通工廠成為一個優質供應商的分界線。和個人的學習成長一樣，工廠也需要不斷地反思，接受反饋，而後進步成長。如果沒有這些反饋自然無從改進，所以你應該敞開胸懷歡迎這些反饋以及拒絕的原因。

零售通路買手也可能以價錢或是售後服務的原因來拒絕

你的產品。重點是你有沒有接受他的反饋當作是公司可以學習的地方。零售通路買手跟你一樣,當然要做對公司最有利的事情。買手拒絕你並不代表他對你而言一定是錯的。我們可以用價錢來解釋這個概念,例如買手可能為了一個價錢殺到很低,低到你無法獲利或者是會把這產品的市場價格弄亂,所以你們決定不和這家零售通路合作。不管如何,這個結果都讓你學到更多有關這家零售通路的操作,可以在和這家零售通路合作的策略上作出調整。舉這個例子來講,很多工廠被拒絕後回去跟研發人員開發一個類似但是成本比較低的產品,就因為這樣而製造了新的生意,這就是經驗和學習!

對一個老手業務來講,如果想要賣一個產品給零售通路,卻被零售通路買手指出產品不符合他們店的要求,像是間接地說這老手還有東西要學,試想著這業務聽了作何感想?有一句老話所謂「成長都不是舒服的」。處在舒適圈裡會讓你無法成長,尤其是對那些認為自己無所不知的人。在現今自由經濟的國際社會裡,你如果不是往前,就在往後退。所謂原地不動的理論不存在,因為整個世界都在前進。和零售通路做生意也一樣,你必須要不斷地學習新事物來提升你自己和你的公司。這也說明為什麼被拒絕是好事。但有很多人會用消極的態度來面對拒絕,把責任推給別人——怪客戶、怪經濟、怪政府……總之就是不會怪自己沒有好好提升。這也是95%的供應商生意都做得不成功。但那不是你,因為對生意的增長,你有所渴望。如果想讓你的生意更上層樓,你就必須要有開放的思維,仔細聆聽別人給你的反饋和

拒絕。

你的產品報價太高

當沒拿到生意的時候，絕大部分經驗不足的供應商就認為原因是報的價錢太高，常常以為把價錢降低就可以拿到生意，但不是所有零售通路都會買最便宜的產品。我們在上一章已經談過如何做報價的談判，現在讓我們來檢視碰到不同狀況如何應對的報價方式。

我們先假設你的報價真的太高，買手已經跟你說除非降價否則雙方就沒得進一步討論的機會。遇到這種情形，通常你需要跟你公司內部的同事討論，這包含你們的研發部門以及財務部門等。對研發部門及生產部門的人員來說，聽到業務說自己的產品造價太高不是件舒服的事，第一時間的反應常會是：「這是我們最好的價錢了。」「我們的產品好所以才不是全世界最低價。」甚至有人會情緒化的反應：「如果每次我們都是最低價，那還要你們業務來做什麼？」之類的話。生產部門可能還會說除非把產品規格降低，否則他們無法再降成本了。這時就是一個好業務展現出領導力以及靈活的人際關係的時候了。一個業務要在適當的時機提醒同事這個項目的願景，讓其他同事看到和這家通路商合作對公司短期及長期的好處。這些好處不只局限於銷售業績和獲利，甚至包括公司技術及管理部門整體長期的提升等等。讓這些研發及生產人員看到這些願景，他們才能體會到整個公司需要有共同的目標來爭取這筆生意。很多人常就會在這階段展現

出他們的創造力，提出一些新的構想出來。

　　研發工程師和生產管理人員在創造新構想的同時，業務要讓他們知道業務部門不是只會砍價錢而已，這也是為什麼業務人員要用人際關係的魅力把各部門的人聚集起來討論，包括財務部門、後勤部門及採購部門。一般產品的成本大致上來自於三部分：直接人工、直接材料及工廠管銷費用。研發人員在研發產品及製造過程中需要控制直接人工和直接材料，但他們對工廠管銷費用比較無法直接管控。業務這時就需要剛才提到的其他部門來協助如何降低產品的成本。如果是中小型的公司有時侯更容易處理，因為老闆可能身兼多部門主管。你們一定要以開放的思維來接受新的問題，同時也要願意問自己一些不好回答的問題，如以下幾點：

1. 我們如何降低材料採購價格？
2. 我們如何自動化來降低人工成本？
3. 我們如何降低管銷費用？
4. 我們如何確定此產品的固定成本及變動成本分類是適當的？
5. 此產品適合我們公司平常獲利結構嗎？
6. 當爭取到這個生意後，除了業績與獲利以外，這對我們公司代表其他什麼意義？

　　像這類型的問題討論和回答並不容易，但是對公司內部有很大的實質幫助，這也是持續進步的公司定期該做的討論。英文有一句話：「None of us is smarter than all of us!」也就是「三個臭皮匠，勝過一個諸葛亮」，眾人合作的想法會

比任何一個人的想法還要好。在這種腦力激盪的會議裡，你永遠無法預測某人的一句話有可能會引發出另外一個人新的想法。而這個會議的主持人（業務）的工作就是如何讓大家充分表現意見，分享他們的看法。每個人不是只能分享他的部門及專業的看法，主持人也應該鼓勵大家分享對其他部門的想法。我個人在美國主要零售通路服務10幾年，常看到從這種互相腦力刺激的討論中，產出一個新穎並可行的方法。

　　如何處理報價太高的問題可分幾種層面來思考。除了研發和生產部門降低成本的思維之外，供應商可從行銷層面下手。供應商可以不直接提出較低的報價，而是在原始的報價裡包含一些給零售通路的回饋金或廣告金，並依照不同的營業額給不一樣的比率。這樣會給零售通路一個誘因，等於是他們買的越多，就可以拿越多的回饋金。雖然這金額嚴格來說都可算回到報價去，但是這種回饋金或廣告金多少有他們的功能。有的零售通路會說他們只想要最低的報價而不需要任何的回饋金或廣告費，但他們還是會想知道供應商是否有任何行銷資金或廣告費可以提供運用。有買過大品牌經驗的買手都很清楚，很多大品牌的行銷執行和回饋金並不是操控在業務人員手裡，而是有行銷團隊專門來操作這些回饋金和廣告費。對很多零售通路來說，這些回饋金和廣告費都是不拿白不拿的錢。你也許會說你不是大品牌商，這跟你沒有關係。實際上你可以利用這種不是直接降價給通路商，而是用未來可能的回饋金的方式來誘導他們和你們合作。而且，當你提供這個想法給通路商時，他們會考慮如果不和你們合作，你們會如何處理這些早已在預算內的回饋金或廣告金？

通常你的答案是給另外一個通路商，也就是通路商的競爭對手。對一個業務人員來說，如果一家通路商不買你的產品，你的工作就是把產品拿到下一家通路，這是商場上天經地義的事情。

所以當買手說你的報價高時，你不一定要馬上降低價格。你可以用回饋金或行銷費用的方式來刺激他下單，同時也可能發展出一種促銷的策略。一般零售通路買手很可能只跟你買單一產品，那麼你就可以用截長補短的方式為這個零售通路客戶做一個計畫。或許在某個產品價錢報的很低，再來交換買手下單你們整個系列。舉例來說，你有20項產品，如果其中一項產品賺很少錢，甚至虧錢，但其他19項產品都得到你想要賺的利潤，那麼整體的利潤應該還是往正面的方向進行，同時這也是一種降價的可能性。你需要運用你的創造力及想像力來製造各種和不同買手合作的方式；同樣地，利用你的問題來聆聽買手建議還有其他什麼可能性，有時你反倒會有意外驚喜。

產品包裝或店內呈現方式不對

除非是很有經驗的工廠，大部分亞洲工廠對產品包裝及零售通路店內產品陳列的知識都不是很強。請注意包裝含有對產品本身的保護以及展示給消費者兩大功能。大部分的包裝工程師對如何做好產品保護方面不會有太大問題，但是對如何呈現產品給消費者這部分就不是每個工程師的強項。最近幾年網上購物盛行，一般零售通路的產品和網購產品對包

裝的保護要求也不太一樣，雖然各有規格標準，但這些標準並不難學，只要照著標準做就行了。至於產品呈現的部分，建議亞洲包裝工程師還是需要顧及美國消費者的心態。在美國零售通路裡，通常產品的包裝就是最好的業務員，很多產品是靠包裝來賣。美國零售通路買手有可能會喜歡某個產品，價錢也令他滿意，但就是因為包裝不對，對消費者吸引力不夠而決定不買這個產品。接下來讓我們來了解包裝結構及如何呈現你的產品。

產品包裝保護結構

在我的培訓課程裡，我告訴學員們在決定包裝設計之前，一定要先造訪零售通路店，再來決定你的產品在這家零售通路架上最好的呈現方式。有的產品包裝是在盒子裡面，有的產品包裝是透明的翻蓋式包裝；而盒子又分成單一顏色和彩色兩種。你必須了解這家零售通路如何陳列你的產品，才能決定如何設計你的包裝，讓產品在消費者面前呈現最好的賣相。同時包裝設計也會關係到每家店面的庫存，有時候貨架上庫存太少會讓產品不夠突出，包裝的尺寸就會牽扯到每家店的庫存量。通路商的財務人員都會跟買手說手上庫存越低越好，但庫存越低越好這不是什麼超級新概念。很多人都聽過日本豐田（Toyota）汽車的JIT（Just In Time）Inventory理論。這個理論是指零部件在組裝前的1分鐘才會出現在組裝台上，所以組裝線在生產結束後是零庫存。但這方法並不適用於美國零售通路。因為大部分消費者想要看到一

個產品在貨架上擺得滿滿的，這樣會覺得店家對這個產品很有信心，賣得好就有更多消費者跟著買。如果庫存太低會讓消費者覺得店裡面的產品都是被挑剩下的感覺。美國零售通路業有一句口號叫「Stack it high, watch it fly!」就是在強調店裡面庫存的神奇力量！

如果你的產品尺寸很小，那麼你得在包裝上面用心思來抓取消費者的眼球，並方便消費者購買。一般小尺寸的產品都是吊在店內貨架的掛勾上，除非是價值很高，比方說手機或是珠寶之類價高的產品，一般零售通路會將其鎖在玻璃貨櫃架裡。如果你的產品真的很小，就必須提醒買手是否要放兩個正面掛勾甚至三個正面掛勾來展示你的產品。請記住，如果同一個產品需要兩個或三個掛勾，那就表示買手的庫存升至兩倍或三倍，那麼你就必須要有比較高的銷售業績來平衡他的庫存。如果買手每單都提高庫存但銷售業績卻沒有增加，那零售通路管理高層也會要買手作解釋。我想你也可以猜到，買手不會沒事去買一個產品讓他的老闆來質問他。對買手來說，最簡單的方式就是不要買這個產品。所以，除非你能證明多出的掛鉤能增加銷售量，否則儘量不要增加買手的庫存量。

產品展示——包裝設計及產品功能介紹

如果我們想請研發人員將其設計的產品功能轉化成對消費者的好處寫在包裝上面，我們常會看到這方面的溝通斷層。很多研發人員常常不知道如何清楚地告訴消費者產品的

特殊功能，導致消費者看了一頭霧水不知道為何要買此產品。因為並不是產品功能百分之百就等於符合消費者的利益。大部分消費者需要被引導，了解這個產品功能可為他們帶來什麼好處，如何改善他們的生活。這就是為什麼專業廣告文案會那麼重要。如果你的產品目標市場是美國，那麼專業廣告文案不僅要懂英文，懂你的產品，更要清楚潛在使用者的生活方式。消費者並不買產品功能，而是希望付了錢之後這產品能夠改善生活。所以，唯有能夠改善消費者生活的產品才可增加你的銷售業績。如果寫出來的產品功能會混淆消費者對產品的理解而暫時不買這個產品，你就應該和研發人員討論未來是否要放到包裝上面去。在零售店裡常會看到消費者把產品拿起來再放回架上，多是因為不了解包裝上的介紹，或不清楚這些產品功能會對他們帶來什麼好處。在此，我要強調專業廣告文案的成本一定不能省！很多亞洲工廠會想要省這筆錢，但這絕對是一項投資，不是花費。

　　首先，你必須要把你的專業廣告文案送到你們研發單位受訓，了解你們所要推的產品。另外他也需要和你們的律師討論廣告內容，以確定不會寫出所謂的不實廣告。所有零售通路都偏好消費者喜歡買的包裝，所以如果你是老闆，而自己又不懂廣告，就一定要花錢請專業的人，這個投資一定會幫你賺很多錢。請注意，大部分的零售通路買手也不是廣告文案高手，或許他們有自己的看法，但仍然不是專業人士。如果你給買手一個很好的產品跟好的價錢，但是買手不買單是因為包裝不吸引人，那就太可惜了。但老實說，在我多年的買手經驗裡，這種事情很常見。

物流支持

有一些美國零售通路會要求供應商在美國有倉庫和客服中心來支持他們的生意。這個主題在上一章交涉與談判已有提及。總之，要在美國租一個第三方的倉庫和客服中心並不難，你只要上網搜尋和比較哪一家公司的服務比較符合你的產品需求即可。這種第三方的服務其實很適合大部分的亞洲工廠，因為這種作法比自己在美國開一家合法公司更加容易，你需要的只是一些財務上的分析。而這種小投資可能很快地就會幫你把買手對物流部分的疑慮消除，那麼你就可以專注在你的生意和產品上了。

最後，我再次強調一個重點，就是如果要列出所有買手拒絕你的原因幾乎是不可能的。每一種行業和產品各有不同的原因，很難一一列出。如之前所提到，有80%到90%的機會通路買手會拒絕你，所以你要習慣被拒絕。只要記得被拒絕是一個過程而不是一個結果，把每一個拒絕當作是學習機會來提升自己。這個概念在很多企業培訓裡面都會觸及到，如果你是一個企業家，可能工作中有95%的時間都會覺得不好過，但是當令你舒服好過的5%來的時候，那種感覺真的很棒。所以被拒絕的時候千萬不要灰心，提醒自己這一時的挫敗只會把你變得更好。如果你沒有保持這個毅力，你的競爭對手將會很快地超越你。

◆作為一個成功的業務需要毅力、執著和渴望成功的心。

◆想把希望變成渴望，你需要有一個很清楚的願景。

◆要習慣被拒絕是正常的必經之路，最重要是每次拒絕之後你能學到什麼。

◆想拿到通路商的生意不只是業務的責任，公司內部如研發、財務、生產等各部門需要通力合作。

◆要成為一個優秀的業務雖然不容易，但是商業上所有的技巧都是可以學習，只要你有毅力和渴望成功的心。

第五章
零售通路採購時間表

整體而言，零售通路對大部分非食品類別產品一年只做一次採購，也可能每半年再進行小幅度的採購。這裡的假設是零售通路有權決定所有產品時間表的情況下；也有一些很牛的供應商，比方說大品牌都有自己新產品發表會的時間表；對此，零售通路也不得不配合這些大品牌的時間表。一般來說，這些大品牌多半屬於消費電子或手機之類的產品。本章我們將重點放在如何準備零售通路的採購季節時間表，主要在於一般產品的時間表而非特殊品牌時間表。

採購時間表

所有零售通路都是根據新產品上貨架的時間來倒算他們的採購時間表，這也取決於產品開發及生產期時間。一般的產品由於供應商可能會準備庫存，生產時間會比較短；而自有品牌的產品一般都是特別訂做，所以供應商則不會放庫存。如果通路商買的是他們的自有品牌或是全新設計的產品，那麼開發及生產期就會比較長。接下來讓我們來看一下大部分產品從開發到進入零售通路的時間線：

- 從工廠運到零售通路：兩個月
- 接到訂單知道出貨時間：三個月（新產品）
- 因此，通路商大約在產品進店前的四到五個月下訂單
- 買手看產品到產品的選擇及與管理層討論細節：大約四到五個月

　　從這裡可以看出通路商買手大概會在產品進店前的9到10個月和供應商見面評估產品。根據不同的產品研發和生產時間，大部分供應商就會在產品上架12到13個月之前即著手準備產品給買手採購。

想像你們的產品在零售通路貨架上

　　假設你要在12個月以前準備這個會議，這時間點其實對供應商來說很有利。因為供應商可以去客戶的店裡看當時在貨架上的產品，你們要賣的產品上架季節和目前所看到的季節是一樣的，只是晚了一年。這時你就可以用你的想像力，想像明年這個時候是你的產品在貨架上。要知道，全世界任何一件事在一開始都只是一個構想，你必須要有想像才有辦法努力去做到。產品在貨架上的畫面必須清楚地構思出來：要幾項產品、什麼樣的包裝、什麼樣的顏色、占用了多少貨架……這些都要清清楚楚地在你的腦海裡。而後你就可以把這畫面分享給你們的團隊，把這個想像轉化成你們的渴望。接下來，就可以和你們的研發以及行銷團隊把產品和市場分析的資料整理好。因為你們會準備一年後的產品，而通路店

內規劃一年的差異不會太大，這時就可以根據目前在店內貨架的陳設去計畫你們想要呈現的產品，不管是何種類型的產品。

這時距離你和買手開會還有二到三個月的時間。當你在準備產品計畫的時候，應該嘗試在這期間與買手聯絡二到三次，你要讓買手知道你大概在開發什麼樣的產品，這樣他也可以反饋他的想法，而你只要分享給他大方向即可。這種通話或小型會議可能都不需要樣品，最多就是一些3D繪圖或是3D打印的樣品。你想要得到的是買手的反饋，如果一開始你們的方向有所偏差，可以即時矯正，免得你們接下來的會議浪費大家的時間。這種小型會議對供應商有兩個好處：（1）確定產品和行銷方向正確；（2）讓買手在產品研發時就加入他的看法，滿足他驕傲自負的心態。

很重要的是你必須要保護好你們產品研發的機密，尤其是跟一些沒有密切關係的零售通路商。如果是你們還不是這個客戶的現有供應商，如果全新產品太早讓買手看到，那個買手有沒有可能把你們的構想分享給跟他關係較好的供應商，也就是你們的競爭對手？雖然你想和新客戶建立關係，但是不能傷害到你們公司的長期利益。因此，任何新的產品設計，只要你們覺得有潛力就必須要有專利來保護它。如果產品還只是在構想階段，你們內部需要先討論並決定要讓客戶看到多少細節。你要確定的就是通路買手不會把你們的構想拿去給你們的競爭對手，這種事情偶爾會發生。有的供應商就會請通路商簽保密協定（NDA，Non-Disclosure Agreement）之後才分享新產品，你也可以這樣要求通路商；

有些通路商也有他們自己的保密協定版本可以分享給供應商。

　　和買手確定方向之後，你就可以分享給研發及行銷團隊來決定如何呈現你們的產品。前面章節提過你需先設定目標，決定提出哪些產品讓你們贏得生意的機率更大。接下來，你就要開始準備整個簡報內容和呈現方式。在內容方面，你可以加進一些亮點去誘導買手注意你們的公司。比方說，可以用一些所研發的高端工業用產品來強調你們公司的品質和高技術層面。雖然你的客戶是零售通路商，但是用此方法可以讓他們感受到你們的品質和技術，這會幫助你們之後的生意協商和談判。記住，你的談判始於和買手的第一次見面，而且永不停歇。

　　說到談判，你應該知道大部分零售通路買手都喜歡和別人討價還價。雖然大部分買手不見得都是談判好手，但他們自傲的心態讓你不得不小心應付。因此，最好的方式是在簡報時在價錢裡面加一些談判的空間，因為你不知道買手何時會開始和你談價錢，所以你要先準備好，讓他感覺和你談價錢的時候他能達到他所要的目的。如同我們在第三章裡所提到，談判最終就是雙方都要滿意。有的零售通路買手喜歡第一次報價就是最好的報價，但是這種買手不多。除非你知道對方就是這一類型的買手，否則你一定要有些空間讓他有成就感。有的買手會因為供應商價錢太硬而感到沒面子，結果產品的後續討論也就不了了之。記住，讓買手沒面子不是你的目標，但買手要的價錢你也不用一下子就給他。像之前提到的方式，運用你提問的功力從買手口中得到更多資訊及選

項。比方說，買手如果要低一點的價錢，你可以先問他有多少數量還有下訂單時間，買手會感覺你正在得到更多的資訊來爭取更好的報價。總之，千萬避免直接降低價錢，至少要拿一個東西交換，比如說交貨期或付款期等。因為如果你直接給低價，買手會覺得你一開始的報價是亂報，反而會造成買手對你這個業務人員及日後報價有所疑慮，千萬不要讓別人對你的人格產生質疑。

此外你要有心理準備，有些買手會想要改你的產品規格。解決的方式就是準備幾種不同產品規格讓買手來提出他的意見；也可以準備不同產品規格的樣品，但是數量介於二至四個即可。如果你給太多選項，反而會延遲買手作決定。很多工廠以為越多選項越好，但太多選項感覺像是把研發及銷售的工作推給買手，反而會讓買手備感壓力。把選項訂到二至四個左右，看起來像是和通路商討論產品規格，但實際上你還是掌握了產品開發的大致方向。如此一來，買手會覺得他們有參與到產品開發，而你也控制了產品開發的範圍和速度。當買手感覺他也是產品開發過程的一環，在感情上就會努力去推銷你的產品，因為他會覺得這個是他的產品。

對通路商而言，一個好的簡報必須包含產品、包裝及商品在零售通路店內的呈現。這個簡報有可能在通路商或供應商的會議室，或者是在酒店的會議室進行。一個好的業務需要先想像如何把產品變成商品呈現在店內，換句話說，會議室裡面會準備產品貨架嗎？你如何讓買手一眼就看得懂？如果沒有貨架，你可以用什麼方法讓與會人員很容易就進入討論環節？讓買手可以討論如何在店內執行一個產品是非常重

要的，因為這也關係到此產品未來在零售通路是否能夠暢銷。這和傳統工廠的思維相較又前進了一步，傳統工廠以為把貨放到貨櫃裡，出了貨，收了錢，工廠的事情就完成了。想成為一個好的零售通路供應商，你需要有計畫，有畫面，還有你的產品在零售店裡會如何銷售。

產品的品牌

請注意，品牌和標籤不同。品牌需要行銷方面的投資，如果你推給零售通路的產品是自己的品牌，你在簡報中就要包含品牌的行銷計畫，比方說如何做廣告或活動來增加能見度。你們公司對品牌的投資也代表了你們對自己品牌的態度及願景。如果你對自己的品牌發展不夠積極，那麼通路商當然也不會相信你的品牌會多成功。再者，如果你是一個全新品牌，很多通路商可能一開始會抱持懷疑態度。因此，你必須有心理準備買手可能會要求你把投資品牌的資金從產品價錢上扣除，報一個更低的價錢給他。這部分的拿捏要看你對你的品牌長期的願景，買手對你的品牌思考的層次不是和你一樣高，而且你們的願景對他來講可能沒有很大的吸引力。所以沒有必要因為買手對你的品牌沒信心而感到失望，畢竟買手也只是在做他們的工作。如果碰到這種狀況，你必須做的就是從中學習然後把你們的品牌計畫推銷給下一個通路商。

另一種可能性就是授權品牌，也就是租用一個已經出名的品牌。利用品牌授權來促進銷售在零售業是非常普遍的方

式，畢竟在美國要打造一個品牌需要龐大的廣告費，除非是大品牌如Apple或Nike，否則大部分消費者不會輕易注意到眾多的小品牌。要讓消費者看到並記住，就必須要增加能見度。要增加能見度，就必須投資廣告費，此項費用對大部分工廠來說都是一筆很大的投資。這也是為什麼授權品牌的方式如此深受歡迎，工廠只要付幾個百分比的費用給大品牌商，就可以將其品牌商標貼在自己的產品上面。好像這種方式很快又容易，但當中有很多費用細節及規定必須雙方同意才能進行。因為這些授權品牌早已出名，工廠不用自己去做品牌的行銷計畫，品牌商可能也會提供品牌的行銷計畫給工廠。（值得一提的是，如果你採取這個方向，要考慮的是這個品牌和產品的關聯性。如果你的產品是運動用品，所授權的品牌也最好是在相關領域的品牌。）而後你把此產品的品牌計畫提交給通路買手，表示你想要和通路共同來提升這產品的市場份額。如此一來，你未來的談判就可處於較為有利的局面，因為買手必須考量如果不跟你合作，這份計畫書你有可能會轉給他的競爭對手，他也喪失了潛在成功的機會。

另外產品也可以貼上通路商的自有品牌或是完全沒有品牌。這種作法是最省錢的方式，但是你也要清楚這樣做你的產品在買手面前就沒有特別之處，大概也只能一直拼產品規格和價錢了。你的產品基本上必須要跟著供應商的行銷計畫走，聽起來好像很平庸，但這卻是超過80%亞洲工廠的作法，因為也是最省錢的方式。不過，如果你照著本書所提的技巧去執行，還是可以拿到不錯的生意。你第一次為美國零售通路買手作簡報可能不見得會完美，但總是要有一個起頭

才能夠改進，如果你完全沒有起頭就不會有結果，不完美只是一個過程，絕不是一個結果。

和全球採購團隊合作

美國零售通路在過去的20年當中，有90%以上非食品類產品都是亞洲製造。很多美國零售通路商在亞洲會設有一個全球採購辦公室來協助他們搜尋產品。這些採購辦公室有些是零售通路自己運營，有些是當地第三方公司承包。不管是那種方式，工廠都要學習如何和全球採購團隊合作，並建立好關係才能夠有助於和美國零售通路生意的增長。

和你接觸的全球採購人員就好像一個非正式的買手，他們不做採購決定，但是有經驗的全球採購人員可以影響買手的決定，如果沒經驗的採購大概真的就只是打些報表和幫買手訂開會行程而已。全球採購人員的知識和經驗很難判定，你必須要試試水溫去了解他和買手的關係，才能知道買手對他的授權範圍到何種程度。終究來說，決定何種產品放到貨架上的人還是買手，全球採購人員可算是買手在亞洲的助理團隊。然而，每個全球採購團隊與其買手的緊密度不盡相同，聰明的供應商就應該對他們彼此間的關係有所了解，並利用這些關係來成長自己的生意。

只要一些細心的觀察，供應商不難看出一個買手和全球採購人員之間的關係，你可以從他們彼此問對方的問題和合作的默契看出些端倪。如果買手授權給全球採購人員很大的自由度參與產品的討論，你就必須儘量和全球採購建立好關

係；而當他們知道你和買手交情不錯，自然就會跟你建立好關係，這也是零售通路結構裡很現實的一面。此外，業務人員對零售通路和產品行業的知識需要比全球採購更豐富和專業。全球採購也希望藉由專業能力的提升來和買手做較深層的討論，畢竟大部分的全球承辦人員到美國出差的機率沒有像業務人員那麼頻繁，所以對零售通路內部執行層面的知識自然有限。如果供應商願意分享一些這方面的訊息讓他們可以在買手面前表現，他們當然會對這個供應商心存感激，而對供應商來說，分享市場資訊也不過是舉手之勞而已。

也不是所有的買手都與他的全球採購關係良好，尤其是一方或者雙方都是新人的時候，因為彼此都還在磨合的階段。此外，如果這個全球採購是第三方公司，有些買手根本就跟他們不熟，在這種情形下，你必須提問一些問題來試水溫，感覺一下他們彼此間的關係，因為你必須要決定是否每件事都要跟著全球採購的方向走。比如說，如果你的產品是買手從亞洲進口的產品，從買手和你見面一直到出貨都是全球採購安排好的行程，那麼你就必須去了解買手對全球採購在行程安排上的授權。萬一全球採購沒有和你配合好，就很可能會產生出貨的延後。我們都知道，大部分延期出貨的責任都落在供應商身上，很少會責怪到買手或者是全球採購的身上。因此，最好的方式就是和買手保持密切聯繫，同時也隨時知會全球採購人員最新進度，如此一來你就可以全方位建立良好的關係。

買手最常請全球採購做的一件事就是計算產品的成本結構。具體上來說，就是經常要求全球採購告知他們有關材料

成本、人工成本以及貨幣兌換率的訊息。這也是你和全球採購建立關係的好機會，因為他們時常會問你有關於成本方面的問題。但你回答這類問題時要非常小心，別讓他們拿你提供的訊息反過來向你要求更低的價錢。你可以分享給全球採購一些材料及人工成本的市場公開訊息，基本上你就是在幫全球採購做他的功課來建立彼此間的關係。但如果你決定分享非公開的資訊，比方說你們產品材料的採購成本，建議不要白紙黑字寫出來，只要在電話裡講即可。全球採購會常問一些成本未來的走向，你的回答方式一定要拿捏地特別小心，一方面給他們足夠的資訊去反饋給買手，但是又不能讓他們之後拿這些訊息來要求你降價。

假設材料成本在過去三個月裡一直往下降，在接到全球採購的詢問時，你應該有類似這樣的回覆：

是啊，材料成本過去三個月降了差不多10%，你大概會看到一些其他的供應商降價給你們。其實這個價格調降的趨勢我們在三四個月前就知道了，這也是為什麼我們給你們的報價會如此的低。

如此傳達出來的訊息即是你已把材料成本算在你們之前的報價裡了，這會避免全球採購要求更低的價錢。記住，全球採購人員不是決策者，你只是分享訊息讓他們傳達給買手。如果真要談價錢，必須要和買手直接談判而不是和全球採購談判。因為談判的基本要素之一就是要和能做決定的人談判，不是和中間人談判。買手和全球採購有可能會玩扮白臉和黑臉的遊戲，你只要很清楚買手才是下決定的人就好，即使真要做人情，你也要知道人情要做給誰。

很多供應商對於怎麼去拿捏和全球採購的關係多少會覺得很無力。我們首先要有認知這不是一件容易的事情，因為每個買手和全球採購的工作方式都不一樣，所以不會有固定的模式可遵循；加上買手和全球採購時常調動，建立關係更加不容易。其實，很多買手也不知如何跟全球採購合作。所以不論你對接的全球採購公司是直接由你的客戶還是第三方公司所擁有，你都應該把全球採購當作是買手團隊中的一員。除了全球採購團隊外，供應商可能還要跟通路的自有品牌部門、後勤及運輸部門合作，這些都是幫助買手做採購決定的部門。雖然他們不直接做採購決定，但很多人對你的生意可以說是成事不足，但要敗事絕對有餘，所以你千萬不要得罪他們，並學習如何跟這些部門合作。如果他們一天到晚去和買手講你這個供應商的壞話，買手也很難硬著頭皮一直跟你們採購。跟很多有關領導力書籍所強調的一樣，這些都是處理人脈的技巧，也就是要讓對方覺得他們很重要。Zig Zigler說過：「如果你幫助足夠多的人獲得他們想要的東西，那麼你就可以得到你想要的一切。」（You can get everything you want if you will just help enough people to get what they want.）

亞洲的採購會議

如果零售通路和全球採購辦公室合作密切，表示這個零售通路自己進口很多產品。過去20年，很多零售通路買手會把他們直接進口的產品採購會議安排在亞洲舉行，這時全球

採購團隊就會負責買手們所有的行程、會議安排及後勤規劃等事項。當你以供應商的身分被邀請參加採購會議，當然想要展示你們公司最好的一面。有一個重點就是你和買手見面的時間要選對。很多供應商不清楚這點忌諱，約了買手在調時差精神很不好的時候見面，如此買手根本沒辦法把你的話聽進去。讓我們來看一些要注意的細節。

美國零售通路買手在亞洲的採購行程大概會停留七天到二十天左右。通常行程的前半段是和供應商見面，看產品或參觀工廠；後半段行程就是在縮小產品選項或最終確定方案。在後半段那幾天買手會與內部團隊及管理層討論要採購的產品、數量、價錢和時間點。對一個供應商來說，你必須要知道什麼時候和買手見面開會對你們公司最有利。我們都知道買手在抵達亞洲後必須要調時差，所以前一兩天的下午普遍精神都不會太好，尤其是下午三點過後更是昏昏欲睡，一般第三天過後買手的精神就會好一些。所以你應該試著把會議安排在早上而不是下午。你可能會問，我們可以選時間嗎？這答案就要看你和全球採購辦公室的關係了。這幾天買手需要跟很多供應商開會，所以一定有廠商安排在早上，有的則在下午。如果你和全球採購辦公室關係夠好，他們就能夠幫你安排在早上；假使你和全球採購辦公室的人不熟，你還是可以請買手協調安排在早上，當然這也要視你和買手的關係而定。針對這點對買手提出請求需要小心點，最好能夠說出早上開會對他們零售通路會有什麼好處之類的理由。另外就是別忽略全球採購的感覺，有些人會覺得你跳過他們直接去跟買手聯繫，這樣有可能會讓他們的玻璃心碎一地。

接下來，你應該盡可能地把你的會議排在越後面越好。最好的時間是買手內部討論的前一天早上，因為這時買手已經與你的大部分競爭對手見過面，所以他可以對你的產品、價錢及品質方面給你做很好的反饋。其實，即使買手沒有直接反饋，你也可以從買手或是其他與會人員的眼神及反應看出一些端倪。如果你太早和買手見面，他可能沒有辦法給你什麼反饋，畢竟他還沒有看到其他廠商的產品，這就是為什麼建議將你的會議時間推到越後面越好。很多買手不知道他們下意識的肢體語言也會傳達一些訊息，作為一個供應商的你需要要好好地觀察，如此才可調整你的簡報方向和幫助你拿到生意。

前面提過買手會用行程最後幾天做內部的討論。這討論有可能是縮小產品範圍之後回到美國再做最終決定，或者是有些產品當下就決定購買數量。所以在這幾天，一個好的供應商會隨時讓買手一通電話就可以聯繫到人；甚至有的供應商會待在和買手同一個城市裡，以備萬一買手需要請他們過來做一些10～15分鐘面對面的討論。如果有這種討論，表示買手有意要買你們的產品，內容通常會著重於價錢、產品規格、工廠產能以及出貨期，但也有可能會談到有關於市場方面的一些趨勢。在亞洲做採購會議的優點就是如果買手想要不同的產品規格或顏色，很多工廠可能隔天就有辦法做出樣品給買手看。很多通路商因為這種高效率當下就決定生意，而這種小型的討論也會幫你們公司拉近和零售通路的關係。因此，最好能夠有你們的開發以及行銷人員與會，不但可以表現你們的誠意，也是給你們公司團隊很好的一個學習機

會。

　　如果你的樣品被選中，接下來會需要準備寄幾個樣品到美國，讓買手展示給其主管及其他部門團隊。畢竟不是整個團隊都能去亞洲參加採購會議，所以買手的同事及後勤團隊也要清楚他所決定採購的產品以及應該要注意的事項。這時候寄出的樣品最好是生產線實際產出而非3D列印的產品；如果你的產品需要組裝，可能就須安排有這方面專業的同事飛一趟美國去組裝，除非是很容易組裝產品，否則千萬不要指望買手會組裝的正確。很多供應商在這種情況下，就乾脆讓業務人員一起隨行，這樣不但可以確保你們的產品組裝正確，也讓業務人員有機會與買手做一些非正式的會議。這種非正式的會議對供應商的生意獲益良多，很多買手會同意這種非正式會議也是因為想看產品如何使用和操作。因為買手在和內部人員開會時就變成了業務，需要知道怎麼操作產品，如果買手展示給他的團隊是一個不完美的樣品，買手也會覺得很沒面子。這也是為什麼要強調所提供的樣品最好是從生產線出來的。

　　很多顧問公司和業務代表會跟你說，到了這個階段能做的就是等消息。錯，千萬不要等！我從不認為只會等待而不行動對生意甚至個人發展是一個好的做法。在這個階段，我會選擇每週電郵一次市場最新資訊給買手，雖然買手不會每封都回你，但是經由你每週提供的市場訊息可以彰顯你是這個行業的專家。你的電郵只有市場訊息而不需要買手作任何的回覆或反饋，如此買手就會知道這些資訊是用來幫助他的工作，加上你有很強的意願和他們合作，即使你最後沒有拿

到生意，買手也會對你這個動作有深刻印象。

在上一章提過你應該從拒絕中成長。買手會在適當的時機宣布他的採購決定。如果你拿到生意，非常好，立即進入下一個階段；如果你沒有拿到生意，你可以問買手原因然後從中學習。這就好像請別人給你的個人發展做反饋一樣，對話不見得會輕鬆，但這是對提升你們生意到下一個階段的最好方法。要把買手的話再轉述給你們內部的研發和行銷人員並不是件容易的事，這需要業務人員的領導力，畢竟你要傳達一個壞消息同時又不能指責任何一個人。我看過太多的案例，唯有領導力加上毅力，如果你們可以從中學習並堅持下去，成功自然而至！

在供應商的工廠開會

請客戶到自己的工廠參觀對傳統的亞洲供應商來說事關重大。因為這是最容易展現供應商的能力及產能的機會。而最佳時機就是零售通路買手的亞洲採購會議，供應商可以請求採購會議在他們的工廠裡舉行，讓買手親身體會工廠的生產能力以及研發能力，供應商也可趁機推銷給買手更多的產品。如果買手和全球採購同意把會議安排在你們的工廠，表示他們得投資在你們的會議上很多的時間。想想，一般買手大概會用30到60分鐘和每一個供應商見面。如果是在你們的工廠，從出門開會，再加上回程通常需要半天甚至一天的時間。因此，如果你真能請到買手到工廠，你們一定要好好地安排跟計畫，完美展現出你們公司的產品、生產能力、設

計能力以及社會責任。千萬不要變成對買手來說是一個浪費時間的行程，因為買手也有他的團隊甚至他的老闆要交代，能夠讓買手滿載而歸對你們長期生意及關係的建立也會有所幫助。

有些細節是客戶到你們工廠之前需要準備及注意的。首先，告知全體團隊有關客戶來訪的訊息，讓所有相關人員及部門都要被告知需要做的事情。如果有需要和客戶互動的員工，比方說研發及生產線人員，甚至辦公室管理人員全部都需要事先練習綵排。整個工廠的清潔在我的經驗裡是亞洲工廠常常忽略的部分。我個人看過無數的工廠，如果一家工廠清潔沒有到位，我們的經驗是他們的產品及管理也不會好，所以千萬不要被這種小細節拖累了你們一整年的努力。接下來是整個巡視工廠的動線，業務人員自己要先走過三到五遍，考慮哪些區域是比較快的過場，哪些會走的慢些，哪些區域是特別要強調給買手知道，這些所有的細節和時間都應該要事先精心計算過。記住，所有的動作都是為了達到你的最終目標。

其他要注意的細節如飲料、茶水以及午餐等的準備。最近幾年，越來越多大型零售通路不允許供應商請買手吃飯。一起吃飯是可以的，但通路商必須自己付錢；這種各付各的型態在美國很普遍，但我知道在亞洲，尤其是對老一輩的人來說是一個很奇怪的畫面，有些老派的工廠老闆甚至會覺得是件很沒面子的事情。所以這時候作為業務的你就必須事先協調好，不只跟全球採購協調，也要跟自己公司內部的人先溝通好，這樣才能避免任何尷尬的場面發生。我的建議是如

果通路商有這種規定，你們就讓他們自己付錢吧！和你們的生意比起來，一個午餐的錢真的是微不足道，千萬不要為了這種小事讓開會的氣氛尷尬。

也有些客戶會請供應商提供交通工具並付錢給供應商，這對很多亞洲工廠來說可能覺得有點可笑。如果客戶要求工廠派車子，我的建議是你們就配合這個要求。再者，有些工廠所處地區可能GPS無法顯示，由工廠的司機接送客戶比較不會浪費走錯路的時間，雖然有的通路商也有公司車，但還是可能會請工廠的司機來帶路。總之，美國各通路商的規定不完全一樣，你能做的就是儘量的配合，跟剛提到午餐的做法一樣，建議不要讓這些小事情影響了整個會議的氣氛，你的目標是要拿到生意而不是要去計較這種小數目，午餐及交通方式最好直接先授權給相關後勤人員一次安排妥當。

本章重點

◆大部分美國大型零售通路都有正常的採購時間表，所以一定要很清楚各通路採購時間的安排。

◆提早準備你的生意有極大的好處，在你的產品進零售店前12個月準備是最基本的時間。

◆和全球採購人員建立好關係將成為你生意上的助力。

◆全球採購人員可以幫你安排對你們公司有利的會議時間和地點。

◆注意細節。如何呈現你們公司最好的一面？不要讓一些小事弄亂整個會議的步調。

第六章
擴展產品線，提升競爭力

　　業務所要設訂的一個終極目標就是賣很多好的產品，但除非你對你的產品有信心，否則你沒有辦法把它賣出去。當你的產品在市場上越來越受歡迎的時候，你就要思考如何把同樣一個產品賣給更多的零售通路。在前面章節我們有提到如何利用產品規格、顏色、包裝以及捆綁銷售來製造產品的差異性。當你有兩個以上零售通路的客戶彼此是競爭對手且都有賣相似產品的時候，你可以用一些策略來增加你的市占率。

　　想要業績成長的方法有很多種，其中的一種是多樣化的產品線。如果你一直是賣自己工廠的產品給零售通路，你就可以考慮也賣其他工廠的產品。以這個例子來說，賣其他工廠的產品，你的角色就是一個貿易商。你可以這樣做是因為你已經成功地賣出自己的產品，但通路商也需要其他工廠的產品，在彼此信任之下，很多通路商會願意向現有的供應商購買，這時你就可以找其他工廠購買一些你們沒有生產的產品來賣給這個通路商，之後還有可能為你們公司開發出另一條產品線。當你要開發新產品線時，我的建議是盡量貼近你們工廠生產的產品，這樣你才可以利用你的專業知識及產品

知識來賣新的產品。如果你要賣的產品跟你們原本的產品八竿子打不著，那你大概就沒有什麼優勢，因為你和一個外行的業務沒什麼兩樣。記住，每個人都想要和專家打交道，不會想跟一個外行的人買產品。

再者，你們必須要問自己為何做這個貿易產品？是為了更多業績？更多利潤？或是純粹用來服務通路商？當一家工廠出貨其他工廠的產品時，通常會制定最低利潤的條件，也就是說貿易產品必須要有一定百分比的利潤才值得你們去推貿易產品。一個業務對自家產品有責任和情感上的連結，加上自家產品有時候為了分攤工廠的固定成本，公司會願意接受比較低的利潤來生產。但如果是貿易產品，業務就沒有情感上這方面的問題了。貿易產品沒有達到某一程度的最低利潤，就不值得業務人員花時間去投資，與其努力推一個低利潤的產品，你應該把時間用在你們本廠的產品上面。所以當你要拓展你們的產品線時，內部一定要取得共識，清楚了解你們拓展產品線的真正原因以及對你們公司長遠發展的好處。

雖然業績的持續增長是長期的目標，但千萬不要用拼價錢的方式來拓展生意，否則你將會步入一個大家都無法獲利的惡性循環競爭裡。如果無法獲利，這個生意又有何意義？如果利潤很低，在商業上很多做法也會受到限制，就沒有辦法發揮想像空間去提升業績。之前提到，如果你因為價錢而拿到生意，你也會因為價錢而失去生意。所謂最低的價錢並不存在，因為你的競爭對手永遠有辦法報一個比你更低的價錢。理論上來說，每個供應商都可能報出一個更低的價錢。

既然拼價錢不是一個好方法，我們下面就來分析可以使用幾種不同的方式，讓客戶了解如果跟你們合作，他們可以提升業績及獲得更好的利潤。

不同品牌名稱和包裝

所謂換湯不換藥。你可以用不同的品牌名稱和包裝把同樣的產品賣給兩個類型相似的零售通路商。如此一來，兩個零售通路不至於產生惡性競爭的降價動作。雖然產品一樣，但品牌名稱和包裝的差異會產生不同的附加價值，在消費者的印象裡就不是一樣的產品。即使兩家或更多通路商在同一個地區賣這個產品，也不至於銷售量互相抵消太多。

不同捆綁搭售

消費者對很多家庭性產品的購買需求數量可能不只一個，這時我們就可以把一定數量的產品或包裝件組合在一起賣。大家對這種方式應該不陌生，美國大型會員通路Sam's Club和Costco就是以銷售捆綁而受到歡迎。因為很多產品可以在捆綁之後降低成本，供應商就可將降下來的成本轉嫁給消費者，這也是一種避免惡性競爭的方式。除了相同的產品包在一起之外，有些供應商會把主產品和附屬產品捆綁在一起來增加產品的附加價值，比方說把HDMI電線和電視或者是記憶卡和照相機捆綁在一起搭售等。請注意，產品的捆綁搭售對消費者必須有意義，比方說兩台電視一起或者是電視

和電動工具的捆綁，這種組合對消費者來說可能就有點好笑，購買的慾望相對就更低了。

不同產品規格

對於不同的零售通路，供應商可以在產品規格做些微調以區分目標消費者市場。這規格的區分其實行銷功能大過於實質使用功能。我們都知道，一般消費性產品有很多功能的使用頻率不高，但在行銷廣告上卻有增加價值的作用。研發人員可以在這方面下功夫增加或減少一些功能讓同個產品變成有不完全一樣的功能，這樣就可以把一個有不同規格的產品同時賣給兩家零售通路。

不同顏色

用不同顏色產品賣給零售通路的方式可能對有些人有點牽強，所以大部分只是用於某些特定產品。你要確定你的產品品牌或者是消費者的需求度夠高，才可用這種方式提供給一些特定的零售通路。當你要傳達這個訊息的時候，千萬不要讓零售通路買手覺得你在耍他，所以你們公司的產品企劃及行銷計畫很重要。因為大部分的買手都知道不同顏色的生產成本大致相同，而一樣的產品只是顏色不同就要賣不同的價錢，再怎麼跟買手解釋都顯得多餘。如果有一家通路買手要求要買其他通路的顏色，但你已經把那個顏色給另一家做專賣了，你也要有心理準備如何應對，千萬不要讓任何一個

買手覺得他不是重要的客戶。

不同區域

在其他區域賣一樣產品的零售店，畢竟不算是競爭對手，大部分零售通路買手對此多半不會有太大的問題。因此，你們的產品行銷計畫可針對區域市場做一個全盤的分析，也藉此拓展你們的市占率和增加產品的能見度。

不同時間段和季節性

如果產品上架的時間能夠錯開，供應商還是可以把同樣的產品賣給兩家在同一區域的零售通路。大部分的零售通路不在乎短時間內的重疊，只要他們不在同個時段裡對頭硬碰硬太久。如此一來，你還可以用第一個通路商的銷售成果提供給第二個通路商參考。當第二個通路商擔心你賣的商品還在第一個通路商的貨架上，你就可以回答他們貨源已緊張也沒有打算再進新貨。而第一個通路商也可能因為你把這新的產品最先給他看，又是第一個賣你產品的商家而感有面子。如何把話說得得體讓對方感覺他的重要性，是一個業務必須要具備的技巧之一。

不同價錢

雖然這不是最好的方式但也有其可行性。但有些情況需

要注意，如果你的零售通路客戶是一家是大型雜貨通路，另一家是產品專賣店，有可能在產品價格上有所差異。一般來說，產品專賣店可以賣較高的價錢是因為服務較多元加上客服人員的專業知識較高。如果供應商要報給專業通路高一點的價錢，那就要確保你的產品可以增加他們的附加價值，而且專業店的買手一旦發現他和雜貨通路在競爭價錢，對這個供應商的印象也會減分。

不同產品生命週期

剛才提到供應商可以用不同的產品規格來區分產品，而利用產品生命週期的階段差異也是區分不同客戶的方法之一。當你們的研發人員開發出產品之後，就必須要仔細分析此產品的生命週期，以排列客戶名單的先後順序。以美國零售通路來說，價錢很容易從高走低，卻很難從低往高。所以，很多供應商會把新產品上市初期先給產品專賣店，因為這樣可以讓產品賣高一點的價錢。等產品到了生命週期的中段，供應商就會分享給大型雜貨零售通路。這一系列的計畫最好是在產品上市前就先擬訂好，以讓這個產品在其整個生命週期中持續擁有最大的市占率，不但工廠可拚生產量而且把研發人員的心血發揮到淋漓盡致。

很多職場規劃的訓練課程都會用金字塔原理來形容職場。也就是低階的工作機會多但競爭也大；以此類推，站在金字塔頂端的高階工作機會相對不多競爭也比較少。這原理也適用於美國零售通路市場。從高階至低階，美國零售通路

可分為專賣店、高端店及一般大型雜貨通路。而他們店裡產品的價錢和數量的關係也符合一般經濟學的需求曲線，也就是說價錢越高數量越少，反之亦然。除非如鑽石或黃金之類的特殊產品，不然進貨的數量和價錢一般會成反比。因此，你要先思考想要在哪一種零售通路賣你的產品，上架時間順序應該怎麼安排。大部分的亞洲工廠老闆會因為訂貨量而傾向大型雜貨通路，他們認為這類型通路的量可以讓他們的工廠一年365天的每一天隨時都能24小時生產運作，這是傳統亞洲工廠對於獲利的概念。但以金字塔的原理來理解，大型雜貨通路的工廠競爭最多獲利也越少，因為通路買手的選項一多就很敢砍價錢。在訂單一直被砍價的情況下，工廠老闆才逐漸了解賣產品給大型通路獲利很低，但這結果也是自己狂接訂單所造成的。此外，因為工廠報很低的價錢，雜貨通路會把零售價壓很低以增加訂單數量，這就是為何很多產品量很大但是利潤卻很低。

如果你的新產品符合上述的情況，那麼你已把新產品置於一個很糟糕的利基點上。萬一大型雜貨通路把市場零售價定下來，即使專賣店和高端店的買手想要買也就難了，因為他們很難再把價格抬高，但如果不調高，產品的利潤又沒法支撐店內的開銷，所以乾脆就放棄你的產品。如果你的產品一開始就是定位在大型雜貨通路上販售，也是你們的研發人員設計的初衷，那也就無可厚非。但如果開發設計產品時有傾向賣到高端通路的想法，那麼業務和市場行銷人員就得注意是否符合公司的市場策略和獲利目標，如同與前面所提到的整體產品週期也有關係，值得整個公司內部團隊好好研究

計畫。

如果你們有一個很創新的產品，就應該要有對這產品生命週期的願景才能把你們的投資報酬率最大化。當然最好有申請專利，如此就可以短期獨占市場的鰲頭，並先從高端通路和專賣通路銷售你們的產品。如果對產品極有信心，你們甚至可以考慮以統一零售市價的方式進入市場，也就是所謂的MAP（Minimum Advertised Price）。但在這個階段高端和專賣通路的量預期不會太大，重點應放在讓消費者知曉並熟悉這個創新產品。在你們和這些通路都可以獲取較高利潤的情況下，雙方皆可撥出部分預算投資在行銷廣告媒體上，讓消費者在網路傳播討論你們的產品，引起更多人對你們的產品產生好奇，譬如運用社交媒體網紅或專業部落客去幫你們推廣產品的知名度。在上架週期方面，你可以讓高端和專賣店持續獲利六至九個月，接著就可去找大型雜貨通路買手談了。如果是很受歡迎的產品，大型雜貨通路買手可能要產品要得更早。到了這個階段即使大型雜貨通路動作再怎麼快，高端及專賣通路都已經賺飽12個月左右的利潤，而你的產品零售價在大型雜貨通路上也不會一下子被訂得太低，如此一來，各家皆大歡喜。

你或許會問，大型通路買手會不會覺得為什麼你沒有一開始就把新產品給他看而心有不滿？這答案就要靠你這個聰明的業務去解釋了。提出的解釋可以是著重於你們的行銷策略或者產品生產成本，比方說，這個產品一開始的設計只是給專業人士使用，並沒有打算賣給一般消費者，所以才沒有先給大型雜貨通路選購；或者這產品初期生產的時候成本過

高，你們認為大型雜貨通路不會接受，所以就先提供給專賣通路；而你們也期待等專賣通路訂單的生產到一個階段，生產成本就可以降下來，這時你們才打算拿給大型雜貨通路來評估。如果你們這樣安排產品生命週期的流程，你們也有機會向大型雜貨通路證明產品的品質已經達到專業的水準，一般消費者也會對這樣優質的產品感興趣。這些都是可能的解釋，但是不要天真地認為大型雜貨通路買手會全盤買單。有時候買手因為自傲的心態，還是會拿一些話語來批評你。只要記住，你的目的是生意最大化，而不是要跟買手吵架。如果你細心計畫新產品的生命週期，就有機會把產品的市占率最大化以及獲利最大化。很多供應商犯了一個很大的錯誤，就是在初期沒有計畫產品的生命週期，結果一開始就讓大型雜貨通路把價錢壓得太低，也就失去了產品獲利的機會，然後供應商就總結跟美國大型零售通路做生意無法獲利，卻沒想到其實是自己所造成的錯誤。

本章重點

◆擴展產品線是增加生意的好方法之一。

◆供應商也可扮演貿易商的角色，銷售另一個工廠的產品，增加產品線種類。

◆運用你們的創造力及想像力，不要讓價錢成為唯一區分你們和競爭對手的因素。

◆要有產品生命週期的願景才可讓市占率極大化及獲利最大化。

第七章
走在競爭者前面

　　好，現在你已有產品在美國主要零售通路上，也享有你預期的業績和獲利。你或者你的老闆會問，那下一步呢？你的競爭對手每天都會想要把你的生意拿走，所以你要知道如何保護好你的生意。此外，沒有人說你不可以去挑戰競爭對手現有的生意，這就如同一場球賽，你要問自己是真的想要贏，或者只是不想輸，這個思維必須貫穿在你的整體行銷策略裡。當一個零售通路買手把生意轉移到你們公司，你可以想像競爭對手的失望和想要把生意搶回去的渴望。守住生意的方法有很多種，最重要的是你的產品和你的團隊要夠強。而作為一個業務，該要有的動作必須持續去做，以保護好你的生意。

和客戶保持密切聯繫

　　好的供應商必須要對他的產品在零售店裡的銷售點終端系統（我們常說的POS，Point of Sale）瞭若指掌。最理想是供應商可以看到庫存水平來幫客戶決定何時要進貨以及進到哪些店，這對供應商和零售通路都有很大的好處。有些零售

通路的策略是每日平價，有的是利用高低價的手法。採取高低價策略的通路商平常賣的貨量大概不會很大，但一到廣告時間，很多產品是平時零售價的一半，這時銷量就會很驚人。所以供應商可以從不同零售通路的銷售量來了解他們的消費者習性，這些資料整合分析後就是你和通路買手討論未來生意最好的利器。重點是一個好的買手都喜歡供應商和他們分享零售店的銷售狀況，說穿了，這也是在幫買手增加他的業績以及獲利，供應商這樣做不但幫了零售通路也幫了自己。有了零售終端銷售狀況的資料，你就可以趁機和買手開會或是通電話的時候一起討論這些內容。很多傳統亞洲業務以為和買手客戶見面建立關係就得有吃飯喝酒，的確是有人如此建立關係，但我可以坦白地說，這種關係的基礎都很弱。最有力的關係必須是建立在生意專業知識和策略上。一般來說，一個供應商和買手固定時間的通話內容不外乎是銷售、獲利、庫存以及未來的促銷策略。經由這些內容的討論，你自然會和客戶建立良好的關係。假設你的競爭對手想要搶你的生意，比如說報一個很低的價錢，通常這個時候你的買手就會給你一些暗示。另外，常看到的情況是你的競爭對手去店裡買你們的產品回去做分析，然後跟買手說嘴你們的產品如何如何不好。如果買手同意競爭對手對你們的負面評價，那就表示這個零售通路可能對你們的產品已有疑慮。對此類的反饋，你必須要越早知道越好才可以馬上著手處理買手的疑慮。要提早知道這類訊息唯有和買手平常就已建立良好的關係，而最好的方式是在非正式的會議或是聊天中得知，這樣你們公司和產品才不會有所謂的負面紀錄。

了解你的競爭對手

你知道你的競爭對手最近在做什麼？你有去了解過嗎？其實，只要你稍作功課即可知道很多消息。你的競爭對手一定會到零售店裡研究你們的產品；反之，你有對他們的產品做過研究嗎？而你在他們的產品、包裝、價錢和店內陳設中又學到什麼？你可以和你的買手以及你的團隊分享什麼學習心得？你必須掌握這些資料才可以一直保持在競爭對手的前面。當你覺得已經沒有其他方法能更進一步了解對手的時候，靜下心問你自己：「我們還可以跟他們學習什麼？」只要你有勇氣去面對這個問題，總會發現一些新的靈感。比如說產品生產部分，你和競爭對手們有可能向同一個材料供應商購買材料，那麼你可以從材料供應商身上打聽到什麼？提出問題讓你自己和你的團隊去思考，去刺激你們的創造力和想像力。要思考這些問題不容易，這也是為什麼大部分的公司都沒有往這個方向去努力。你要站在競爭對手的立場去思考，這樣你就可以把買手可能會問你的問題先準備好。如果沒有事先準備，很可能就會被買手突擊造成不必要的困擾。有些供應商的業務將這部分的功課做得很足，不只了解競爭對手的產品策略，甚至去了解對方業務個人的一些習性。總之，你對競爭對手了解越多，對你自己的生意越有利。

保持產品創新及運用最新科技

持續開發創新的產品是你走在競爭對手前面最好的方

法。如果你一直有創新的產品就有和買手見面的理由，不必等到產品全部完成之後才去見買手。前面有提過，買手都有他們的傲性，反而比較偏好產品還在開發階段就讓他們參與意見。而你應該敞開心胸歡迎買手們加入意見，只要他們願意參與，就表示新產品可能會有他們的影子。等你的產品準備上市時，這個買手就會是產品的最佳推手。換個角度思考，能夠廣納各方的意見總是好事，也有可能買手會提供一些生產工廠沒想到的好建議。如果你的產品是有行業測試規範及標準如電子類產品，你必須要讓你的買手知道最新的規範。因為你是生產工廠，有一些行業規範供應商可能比買手知道的早，買手會很歡迎你提供這方面的資訊給他們。對買手來說，這些資訊代表的是你的專業，即使你不提供，你的競爭對手也會搶著給資料，千萬不要讓你的競爭對手捷足先登。所以能成為第一個告訴買手資訊的業務非常重要，因為第二個和最後一個並無差別，反正你的競爭對手會用各種方法來奪取你的生意。如果一些市場及行業資訊將會被公開，千萬不要留一手或存著僥倖的心態錯過告知買手的機會。

　　談到新科技或新產品，很多供應商會以參展的方式來展示他們的最新產品。和零售通路建立關係的方法有很多種，其中之一就是讓零售通路買手覺得他特別重要。再重複一次，每個人都想要自己被重視，所以有些供應商會在他們的新產品還沒公開之前先拿給買手看，即使只看到一張產品照片，買手也會覺得他的重要性。如果你有一個全新的產品在某個展覽會場首次公開亮相，要是你的買手也跟一般大眾同一時間看到，他會覺得在你們公司的心目中他並不特別也不

重要。我建議不要這樣做。你可以讓買手比其他人更早看到產品，即使提早一天也可以。最有禮貌的講法就是跟買手說：「我們先請您看我們明天要在會場展出的新產品，雖然您現在已經先看到新產品了，但我們仍然非常誠摯地邀請您來我們的攤位上看更多的產品。」聽你這樣一說，買手的反應通常會很正面且心裡暗爽，到了展覽會場至少一定會到你們的攤位打個招呼。有很多供應商會在展場裡安排一間VIP室，當買手過來拜訪時，再邀請他到VIP室裡看最新的產品和討論，如此一來，買手會覺得受到尊重並與你們建立更好的合作關係。

創造促銷機會

好的供應商應該經常和買手討論促銷方案。大部分的美國大型零售通路都仰賴促銷案來刺激消費，尤其是大型雜貨通路。大部分的買手會根據公司的行事曆來排定促銷計畫，但是供應商也可以有自己的促銷方案。供應商有可能在某個季節和材料商談大筆交易來降低生產成本，這時就可去詢問通路商是否願意做促銷。供應商如果要有自己的促銷案就需要先有全盤的計畫，有的供應商促銷做太多，結果讓通路買手甚至消費者從此拒買原價產品。所以你的促銷必須是真正的促銷案，產品促銷都要有他們的原因和道理方可執行。

還有一種頻繁發生的情況，即你的產品有可能會變成另外一家供應商的候補促銷方案。比方說，你的通路買手已經同意執行另一家廠商的促銷案。這家廠商有可能是你的競爭

對手也或許不是，但這都沒關係，重點是這家廠商在促銷前夕突然說無法出貨，你想也知道發生這種事通路商必定跳腳。買手這時一定要先想辦法解決，而解決的第一個方法就是找其他類似產品來做促銷，那也是你為何會突然接到促銷案而且需要馬上出貨的電話。碰到這種情況，如果你有庫存而且可以馬上出貨，可說是幫了你的買手一個大忙。在零售通路內部，如果買手企劃的促銷案後來並沒貨上架，這對買手來說是一個非常不好的紀錄。如果買手能在最後關頭做一些改變，不空貨架讓促銷案照常執行，而且銷售和獲利也都能補足，那就沒什麼太大的問題。請注意，如果你是像救火隊把買手從谷底裡面拉上來，這種事情只要他知道你知道就好了，不要一直掛在嘴上。中文說，如果說出來就不是人情。同樣地，如果你的產品被選中參與促銷案，一定要確保準時出貨，不然對你們公司的信譽是一個很大的傷害。促銷案的執行會引發出很多不同方向的討論，這也是彼此建立關係分享信息的機會。零售通路買手通常很歡迎任何可以增長業績的方法，所以你可以主動提出合適的促銷案，不但可以和通路商建立長期的關係，也讓他們知道你是這個行業的專家。

常問下一步是什麼

要知道這是買手常常會問自己的問題。整體而言，銷售業績和獲利一直是買手腦袋裡面想的事。作為一個業務，除了不時與買手互動也應該要知道買手的下一步是什麼。經常

問他這個問題往往會有意想不到的好結果。買手常會思考未來三到六個月生意要如何運作，如果他認為你是行業的專家，也會把你當成他諮詢的對象。這時你就可以發掘出很多這個通路商未來的動向並做相應的配合，不但可以建立彼此的關係，最終還能夠為你帶來更多的生意。

別忘了你的競爭對手每天都想搶你的生意，你也要隨時有危機意識和計畫。不只是保衛你原有的生意，甚至還要繼續播散更多新生意的種子。所以你要經常帶一些新產品或產品線的構想分享給你的買手。即使他不是新產品採購的目標對象，如果你們關係夠好，他也可能會幫你介紹另外一個買手，這就是你擴展零售通路生意的方法之一。此外，在一些通路商的大型會議中，你有可能會被引介給買手的管理層認識，這也是和通路商建立更進一步關係的機會。這種關係的建立和對話的拿捏也是一種技巧。我的建議是不管你和通路商任何階級的管理層建立關係，永遠要記住，你的買手還是最終決定是否購買產品的人，千萬不要讓買手覺得你只會和上層打交道而忽視他。很多亞洲供應商可能因為文化背景的關係常會犯這種錯誤，而美國商場文化中則是非常尊重買手的決定權。這就是為什麼我說關係的拿捏很重要，做得好也可以讓買手在他的上司面前得分，最終買手還是會感謝你。這種應對進退的技巧和每家通路商甚至與每個人的個性有關係，很難有所謂固定的公式。如何挑戰處理人際關係的技巧，這也是做一個業務有趣的地方。

有句老話說：「保護你的生意可以用進攻或防守的方式。」這種說法有點嚴肅，如Wallace D. Wattles 在他的 *The*

Science of Getting Rich 書中所建議，我個人比較偏好以創意性來替代競爭性的方式。我們如何創造新的方式來服務客戶呢？如果你老是想著要從競爭者手中拿走一樣東西，Wattles 先生覺得這不是最佳的方法。他覺得我們要贏得生意需創造出給客戶更好的產品或服務，這樣才是增加附加價值的方式。這也是之前提過，好的供應商必須一直讓買手知道你們正在開發的新產品，而且和買手隨時交換意見。雖然買手上架你們的產品就有可能要下架其他人的產品，但你的產品為買手及消費者帶來了附加價值，那就是三贏的局面。也許你的競爭對手因此失去生意，但是你並沒有攻擊他們。相反地，他們也必須以創造力提升他們的產品來贏回生意，這才是正確的良性競爭，有競爭彼此才有動力去提升品質，也才會應用創造力去提升客戶的服務及價值。人性都是懶惰的，如果沒有競爭，大部分的人和公司會變得太安逸，所以唯有源源不斷的創造力，才是贏得生意和守住生意最好的方式。

本章重點

◆ 拿到生意只是成功的一半，你還要思考如何長期保住生意。

◆ 競爭對手會用各種方法搶走生意，如何維繫與客戶的關係至為重要。

◆ 與你的買手保持聯繫，開展促銷活動或共同計畫方案都是增加互動和維護關係的好方法。

◆ 生意的競爭要運用創造力，而不是只想著拿走對方的東

西。

◆良性的競爭對你才會有益，有競爭才會更加專注於如何提
升自己和增加生意。

第八章
不斷提升業務技能

　　一個業務做久了就很容易只專注在產品及客戶身上而忘記去思考公司整個大方向及長期目標。Les Brown曾說過：「當你人在相框裡就無法看到整張照片。」（You can't see the picture when you are in the frame.）有時候我們被日常例行公事所淹沒，沒有時間來審視個人及公司未來的大方向。捫心自問，你有多久沒有讓腦袋暫歇一下，跳出目前的角色，思考公司和自我的提升？你有多久沒有去回顧過去所做的事情及未來的計畫？你所有的工作都是朝你未來的大方向進行的嗎？

　　很多人在新的一年都會設立新目標，但是也有不少人很快就放棄。一月一日訂的新年新希望多半在二月底或三月底就放棄了。最常見的例子就是減肥和健身。很多健身房教練會跟你說在一月停車場車位一位難求，過了三月底你再去看看，幾乎就空了一半的車位。也就是說很多人的健身目標計畫執行還不到半年就停止了。那生意上的目標呢？你知道要如何持續達成公司的目標嗎？你們有階段性的評估嗎？最好的作法是每個月及每一季皆有不同等級的評估來確認你們當前進度與目標方向是一致的。不只對公司的整體方向，對每

一位客戶業績所想要成長的數字也需要做分析和評估。如此一來，你們就可以針對每位客戶設下月度及季度目標，然後策略性的去計畫如何達成你們為每位客戶設下的目標及時間表。

銷售目標

你們是如何設定銷售目標的呢？最普遍的做法可能就是訂一個行銷數字和獲利數字的目標。問題是這數字或百分比是怎麼來的呢？沒有錯，每間公司對目標的要求和邏輯各異，而你訂的目標也要符合你們公司的各種情況。但大部分的人設訂的目標會太低、太容易。千萬不要把目標設得太低，你需要設一個目標來挑戰你和你的團隊，測試你們的極限，這才是目標最大的意義。也因此當你達成目標時，你和你的團隊在各方面的技能也都升級了。訂目標的目的是在幫助一個人或一個團隊成長，並不是那個目標的本身。你們的目標可能會基於市場成長、經濟狀況以及整個團隊能夠接受的挑戰來設定。不管如何，待擬定目標後，你應該分享給每一個客戶讓他們知道你們很積極的與他們一起成長。

你的目標取決於對這個行業的知識以及背後所有的資源。雖然你們不會向每一位客戶透露內部的資訊，但是你要讓每個客戶都知道你們想要成長及達到目標的決心。你們也不會因為任何一個客戶而延後或降低你們的目標；這種聲明雖然有點大膽，但是也因為要有這樣的膽識，個人和公司才能夠成長。大部分的通路供應商都不太敢對客戶說出種話，

但就我的經驗，只要將各方面的策略計畫和執行方法準備好，然後用誠懇和謙虛的態度傳達這訊息給客戶，其實大部分的零售通路買手都會給予尊敬。你要讓每個客戶了解你們有這個成長決心，如此你和你的公司就會從被動轉成主動的角色。所以當你要分享這個訊息的時候，一定要有個正式的說法，千萬不要像聊天一樣隨便提一下，否則對方會覺得你不是認真的在看待你們的目標。當你話說出去的時候，同時也給你和你的團隊帶來一些壓力，逼著你們要針對每位客戶的成長訂出計畫及執行方式。因為每個零售通路商業模式不盡相同，所以這些個別計畫也必須是為你的每位客戶量身訂制。

建立和終端消費者的關係

大部分亞洲工廠看到這個主題可能會有點疑惑，因為在他們多年產品製造的過程裡很少會想到要和終端消費者建立關係。你知道終端消費者相信你們公司或是你們的品牌嗎？還是你們一直都讓零售通路去擁有這層關係呢？從長遠來看，如果要從被動變為主動的角色，你必須要讓終端消費者認識你們公司以及你們的品牌，這就是本書所謂關係的建立。我們到目前為止談的都是如何和通路商買手建立關係。但當你和終端消費者有直接關係的時候，你們就可以在行銷上化被動為主動，不用每個行銷方案都跟著零售通路買手的計畫走。因為零售通路買手來來去去，甚至轉換跑道；當你的買手換成新人時，有很多關係你必須要重新建立。但是當

你的產品很強而且終端消費者認識及喜歡你們的品牌的時候，你和新買手建立關係就會更加容易，也會降低新買手在你生意上變動的可能性。要是終端消費者真的很喜歡你的產品和品牌，新的買手可能還會主動向你示好及學習，這就是做業務最理想的境界。如此一來，你就可以帶領通路商來推廣你們的產品，而不是只能隨著通路商的策略起舞。這種目標對大部分亞洲工廠來說可能有點遙遠，但是你應該有這種雄心壯志，在生意場上一定要有主控權。

之前我們談過要區分不同產品給不同的零售通路，同時你也要有個別的業績成長策略給不同的零售通路。有可能你們之於某零售通路是重要的供應商，但是對另一家零售通路不是很重要。要讓客戶看出你們想要成長的野心，尤其是那些目前覺得你們還不重要的客戶。他們也許不認同你的成長計畫，但你要讓他們知道不能忽視你。除非你的計畫真的太可笑或天馬行空行不通，否則去了解每個供應商未來成長的方向也是零售通路買手的工作。保持跟買手互動，持續溝通你們的目標計畫，這也是買手一直找你開會來建立關係的誘因。

有時你會碰到零售通路買手向你詢問另一家通路的促銷計畫，表示你在另外一家零售通路的促銷計畫已經引起他們的興趣。這是一個很好的起頭，因為你已經不是所謂的路人甲了。比方說，你在一家通路店內做了一次大型的店頭陳設廣告POP（Point of Purchasing），產品銷售量大增，引起其他通路買手的注意和詢問。不要忘了，買手每天想的就是他的業績和獲利。如果有任何方法能夠提升業績和獲利他們當

然不會放過。所以當買手問你的時候，你的談判立場和條件就屬於強勢的一方了。但是千萬不要讓買手覺得你的姿態很高，因為終究還是要和他一起成長業績，這時侯就必須要表達高度願意配合的意願，讓他覺得你是在跟他合作而不是談判。對方當下的感覺很重要，如同我們在第二章的主題〈交涉和談判〉中所提到的——提出你的問題！當買手對你們在其他通路商的行銷策略有興趣，也就是你拓展生意的時機。拓展生意雖重要但不要貪心，如果你讓買手覺得你有點高調和貪心，有可能整個拓展生意的機會也就失去。雖然你在另一家零售通路的成功是邏輯上的數字，但是買手對你的負面感受則是情感上的。永遠要記住，雖然很多人不願意承認他們是用感情做決定，感情卻操控了人類的決定權。不要傷了買手的感情。這時你要做的就是問問題，然後再想出一個適合這家通路的行銷計畫。就在問問題以及買手回答的過程中，你們可能會發展出一個新的行銷方案，而這個方案很有可能在原來那家零售通路是行不通的，這就是彼此交換意見的好處。

供應商團隊的成長

目前你們已有業績成長目標和計畫，但你們有員工成長的目標和計畫嗎？科技的發達，很多公司開始大量投資在硬體設備卻忘了員工還是公司最重要的資產。不管科技有多麼日新月異，最終還是需要有人來執行。每個人都是感性的動物，先下意識地做感性的決定，然後才用理性的方法來解釋

他的決定。當然，零售通路買手和終端消費者也不例外。因此，電腦絕對沒有辦法取代人類對於感情上的操控。因此，員工還是公司最大的資產，業務要成長我們就必須成長我們的員工，而且成長必須夠快才能跟上業務成長的腳步。對員工來說可分為硬實力和軟實力的成長。大部分的公司都專注於硬實力的成長，也就是一些技術面如電腦能力或是專業產品知識，但卻忽略了軟實力的成長。軟實力的成長需要比較長時間的培養，比方說領導力、人際關係處理和溝通技巧，這些實力對公司長期發展至為重要，但是往往被忽略，原因是大部分主管或老闆對這些軟實力其實也不甚了解，所以很多亞洲的供應商沒有將軟實力放在企業成長的計畫裡。其實和美國主要零售通路打交道，業務人員的軟實力最為重要。

　　讓我們來舉個例子，比方說你們公司在三年內的目標是業績成長一倍。有了這個目標，就不難想像出三年後產品線以及生產線，甚至工廠擴展的畫面。那麼員工的畫面呢？理論上來說，如果今天你有10個業務人員來管理這個生意，那麼三年後你就必須要有20個業務人員來管理這個生意。這多出來的10位業務人員今天在哪裡？你們公司今天有多少業務經理和業務副總，三年後你們又需要多少業務經理和副總呢？你們是計畫從公司內部調動還是從外部招聘呢？如果從公司內部調動，需要提供這些人何種培訓讓他們在三年後可以擔當這個任務呢？生意和員工成長也許不會是1：1的絕對比例，那比例是多少呢？如果你心裡已有譜，你們又如何先做好準備呢？這些都是公司管理階層必須去仔細思考的問題。雖然非常重要但都不是最急迫的問題，也因為不緊急往

往就被很多公司所忽略。

　　首先公司管理階層要問的是如何留住人才。你們如何吸引人才以及培養人才對公司的向心力？我非常喜歡英國維珍集團的創辦人Richard Branson說的一句話：「好好訓練你的人才，讓他們有能力朝公司以外發展。好好照顧你的人才，讓他們不想離開公司。」（Train people well enough so they can leave, treat them well enough so they don't want to.）這是很多亞洲中小企業老闆值得思考的一句話。很多老闆以為只要給錢就可以留住人才，其實在很多職場問卷裡問到離開公司的理由，薪水通常排在第三或第四個原因。通常第一個原因是因為在工作上沒有被重視，不認為他的工作對公司重要。之前有提過每個人都渴望感覺到自己的重要性。你如何讓員工感到被重視？方法有很多，而其中一項就是持續的培訓員工，讓他們感受到員工與公司一起成長。公司不在員工身上投資，結果就是必須要在人員流動方面花很多錢。沒錯，人員流動不會是零，問題是你們公司有沒有員工成長計畫來守住人才呢？好的公司必須要有一個穩定的團隊來成長業績。這對領導階層的能力也是一個挑戰，接著讓我們更深入地討論各部門人員的成長。

業務和行銷團隊的成長

　　三年後當你們的業績是現在的兩倍時，你們的業務和行銷團隊成員和能力會是什麼模樣？你有那個畫面嗎？他們是把營業額帶進公司的員工，如果這支團隊能夠照著公司的成

長計畫走，其他部分就比較好談。如果這支團隊的業績沒有達到公司的目標，公司內部的運營腳步可能就會亂掉。我們都知道，業務和行銷人員不是那麼容易訓練。而且每家公司文化的不同，直接從外部空降一個所謂的專家進來也不一定是一個好的解決方案，也就是我們常講的外來的和尚不一定比較會念經。通常業務和行銷人員，尤其是業務人員，必須是一個非常了解公司且把達到公司目標作為唯一使命思維的人。所謂了解公司並不局限於產品，整個公司的文化、歷史和未來的發展方向都要非常的清楚。這也是為什麼比較資淺的業務人員必須要花時間了解公司後，才能夠在面對客戶的當下做出對公司最好的決定。所以，當你們在思考公司未來成長的時候，也要思考如何培育這些資淺的業務人員。最近在網路上有一段關於培訓員工的對話：

CFO問CEO：
　　我們花錢培訓我們的員工，那他們如果離職怎麼辦？
CEO回答：
　　如果我們不培訓我們的員工，那他們都留下來怎麼辦？

　　仔細想一下這兩句話是不是很有意思呢？這段對話也顯現出很多公司財務部門把所有的錢都看成是支出，而不是投資，這是兩種完全不同的心態。之前提到，業務和行銷人員是站在前線幫公司爭取訂單把營業額帶進來的團隊。公司管理層要問的是如何給業務和行銷人員足夠的支持，讓他們沒有後顧之憂去幫公司爭取更多訂單。業務和行銷人員在第一

線的表現就是客戶對你們公司的印象，做得好，公司會被加分，做不好，就會失分。所以這一批團隊的培訓及未來的成長計畫非常重要。此外，這團隊也要負責將市場的資訊帶回公司分享給研發、生產甚至財務人員，讓他們了解公司所面臨的競爭和挑戰。不只對外，他們對內的溝通能力也非常重要。因為他們如何描述市場的情況及所用的溝通方式會關係到研發及生產管理人員對他們的支持，最可怕的是業務和行銷團隊誤導了研發和生產的人員，造成公司內部眾多資源的浪費。這也是為何我們常看到很多中小型的公司老闆本身就是業務人員。

如果你們的公司老闆就是業務，那麼我要問三年後呢？三年後你還是會做同樣的事情嗎？你在三年後如何管理比今天多一倍的生意呢？這個問題不需要馬上回答，但是一定要仔細去思考。絕大部分約96%左右的中小企業，只會把這個問題一直往後推，所以他們沒有辦法成長。因為沒有未來的計畫，何來成長呢？這是很簡單的因果問題，所以一定要去思考計畫你們公司的未來。在美國每天都有無數的中小型公司成立，但因為沒有好好去計畫未來，有80%的公司在五年內就關門大吉；而這存活下來的20%裡其中的80%也會在第二個五年內結束營業。也就是說，中小企業在10年後的存活率只有4%。當然這後面原因有很多，但是過一天算一天而不去計畫未來是原因之一，由此可看出有計畫的去養成你的人才是何等重要。

沒有人說這是一件容易的事情。尤其是提升業務人員，必須要有計畫而且長時間的耕耘。在職場培訓課程裡，你大

概有聽過英文字母三個E，也就是Experience、Education、Exposure——經驗、教育、接觸。業務人員的成長也可以針對這三方面去執行。

首先是經驗。請注意，經驗不只是時間長短，很多人犯一個錯誤就是以為有多少時間就有多少經驗。這也是為什麼很多人用同樣的方法做同一件工作很多年，然後覺得很奇怪自己為什麼沒有升遷的機會。只因為你重複做同一件事情很多年並不代表你會比一個新手還來得有效率。在個人提升領域裡面有一句話：「你是有20年經驗還是你有一年20次的經驗？」這也是值得思考的一句話。也就是你是否用同樣的方法重複做類似的事情並從中學習？或是你將過去的經驗累積創造出更新更有效率的方法並不斷地提升和改進呢？不斷地提升和改進才是經驗。如果重複做一件事情完全沒有進步，那麼和第一次做的人差別不大。經驗對每個人、每個業務來說，就是在做事的過程中學習、思考和提升。也只有學習和提升自己才是是經驗最大的價值。

第二個E就是教育——Education。業務人員的教育要從公司和個人層面來著手。首先公司必須提供一些培訓資源，但是業務人員本身也要挑戰自己並時刻的提升自己。公司管理階層要提供部分教育經費及時間讓業務人員了解提升自己的技能是必要而不是選項。以業務來說，教育的範圍可以是談判技巧、溝通技巧、人際關係或是一些行業的知識。這些培訓可根據公司規模大小由公司內部人員或聘請外面專業講師及商業教練予以訓練。好消息是現在這種職業培訓的單位很多，也有不少會提供團體折扣。公司管理層的責任就是提

供這些資源，讓業務人員知道公司要在他們身上投資讓他們成長。除了公司的栽培，業務人員本身也要勤勉地做功課以實現自我成長。

　　如果你是公司的老闆，這裡我分享一些美國企業培訓的數據。美國很多大公司會不時提供員工的在職訓練，根據統計數字，只有不到15%的人會去登記受訓，到最後完成受訓結業的人也只有6%；也就是說，94%的員工並沒有認真地想要在公司裡成長。所以如果你特別安排的訓練課程沒有得到員工的太大反應，也不必覺得失望。這數據告訴我們，對於那些不願意成長的員工你能夠幫到他們的程度有限。但如果你的業務團隊裡有這些不願意成長的員工，會是一件很危險的事情。你必須要找他們談或是思考把他們移出業務團隊的可能性。因為如果你不這麼作，整個業務團隊的士氣將會受到影響。

　　第三個E就是接觸（讓別人看到你）——Exposure。對一個年輕業務來說，入行最關鍵的就是有機會和他人互動。精準地說，公司需要製造更多機會讓年輕業務站在人群面前，包含內部同仁和外部客戶的面前。公司內部的接觸可能相對容易些，主要是和業務部門以外的部門接觸，如生產部門、財務部門、研發部門或倉庫管理部門，訓練年輕業務如何做跨部門協調。公司更要提供年輕業務在客戶面前露臉的機會。本書前面提到，客戶看待一個業務是要感受到這業務很犀利，有熱誠以及他是行業的專家。資深業務可以帶著年輕業務在客戶面前露臉，也讓年輕業務觀摩如何操控一個有效的會議。但是請注意，千萬不要讓客戶覺得這個年輕業務是

來跑龍套，在會議中要有一些真正的工作給他們；可能做一小段的簡報或者是一小段產品的介紹，如此客戶就可以注意到他們，繼之對他們有印象。時間久了，客戶就會知道這個年輕業務是資深業務的代理及左右手。如果年輕業務能慢慢證明自己的實力，對客戶也是一項附加價值的服務。總之，公司管理階層要讓客戶慢慢熟悉你們的年輕業務，等年輕業務逐漸成長，甚至可以單槍匹馬去面對挑戰，那麼客戶也會明瞭這個業務也是一個行業的專家。

研發和生管人員的成長

業務在前線作戰，研發和生產人員則是業務團隊最大的後盾，所以大部分美國零售通路商都對供應商的研發以及生管人員感興趣。因為這是一群把好的產品帶給消費者的人，因此好的供應商對研發和生管人員的成長也需要有計畫。和業務人員的成長訓練相似，所做的培訓也應該圍繞在這三個E的範圍裡。個人整體提升要素，如領導力、溝通能力及人際關係技巧對研發和生產的人員也都一樣重要。再舉前面的例子，如果你們公司三年內想要銷售業績成長一倍，那麼三年後你的研發和生產團隊會是什麼樣子？這兩個部門分別會增加多少人？增加多少設備？那些人和設備現在在哪裡？我們如何培育或招聘他們？購買設備的預算在哪裡？我們最常見到對於提升研發和生管人員的成長，很多公司只專注於經驗卻忘記了他們也需要教育還有溝通方面的訓練。研發新產品就是在研發公司的未來。大部分零售通路商都會對一間工

廠的研發預算有興趣，因為研發預算多寡代表這間工廠對新產品的態度，很多工廠會用研發預算等於營業額的百分比來呈現他們對新產品開發的重視。此外，通路商也常喜歡問有關於工廠研發及生產線經理的背景或培訓的經驗，因為這兩組人幾乎決定了工廠產品品質、產品機能及生產產能。好笑的是，很大部分的工廠研發經理和生產經理常常會有很嚴肅的爭論，這時候就需要公司提供給他們在領導力及溝通能力方面的培訓了。

　　研發和生產人員通常對於專業技能的提升會比較積極，也就是說他們會較專注於經驗的累積，但卻容易忽視教育方面的提升。他們需要哪些培訓呢？我們常看到工廠的老闆派研發和生產人員去做一些專業知識如新科技及新技術等培訓。但有關領導力、溝通力以及人際關係上面的培訓常常會忽略這一組人。導致很多研發和生產管理人員以為專業技術就是一切，當他們要和別人談判和協調的時候，常常會出現一些詞不達意的狀況。其實研發和生產人員如能有好的溝通能力，對公司的生意幫助會非常大。以零售通路來說，零售通路買手都喜歡直接請研發人員說明有關產品品質的細節，因為也只有他們才能講出最專業的東西。通路買手對業務人員的整體印象就是對產品品質細節是不是很專精，所以當談到這部分就希望有工程背景的人來背書。如果研發和生產人員懂得溝通和協調，對業務人員在做簡報的時候是一大助力。但是亞洲工廠裡的研發和生產人員普遍溝通能力都不強，這不只局限英文能力的障礙而已，主要還是溝通能力及個人人際關係的提升，這是因為長期沒有重視工程人員這一

方面能力的結果。但這情況可以改變，只要公司管理層給他們適度的培訓，便能增加整個公司的戰鬥能力。而且，你看到這裡也明白了，你的大部分競爭對手都不會這麼作，如果你在這方面投資，你就有可能走在你的競爭對手前面一大步。再想想，你要你的研發人員和生產人員在三年後成為什麼樣子？很值得思考的問題！

研發工程師和生產經理也要與他人互動。和公司培訓年輕業務一樣，要製造機會給研發工程師及生產經理參與一些跨部門的會議。甚至在和客戶做簡報時也要給他們露臉的機會。這一組人不像業務人員出差頻率那樣高，也比較少接觸到外面的市場狀況。對工程師來說，很多人在自己的舒適圈裡工作太久，會覺得這個圈圈就是全世界。當公司管理層要他們踏出去，反而對很多人來說是一個不小的壓力。但是讓他們露臉，讓客戶看到這一群在業務後方的幕後英雄是公司管理層的工作。如果工程人員也可以感受到處於第一線的壓力，並進而了解自己在生意上所扮演的重要角色，再回到自己的崗位上就會更加認真工作，因為他們已經清楚自己的工作對整個公司營業環節的意義。再強調一次，就因為很多研發及生產人員不善於溝通和處理人際關係，導致於很多公司覺得這種技能對他們不重要。其實如果公司能在這方面提供適度的培訓，研發及生產人員可以在爭取訂單的會議上扮演臨門一腳。

後勤及其他單位的成長

　　你們公司成長計畫必須要含括後勤及所有其他單位。同樣地，這些員工的成長必須能夠跟上公司管理階層對公司發展的願景。當你在成長業務、研發及生產人員的時候，後勤及其他單位的人也必須要知道公司未來的方向，如此他們才能一起共同成長。那麼，你對他們的成長計畫是什麼？你會給他們什麼樣的培訓？這些都是公司管理階層必須要面對的問題，雖然不是最急迫但也非常重要。

和客戶一起成長

　　在公司業務成長的同時，培訓員工並不是什麼新的概念。一個好的供應商要隨時想著如何讓公司內部員工和客戶一起成長生意。我自己做了七年的業務，專門和美國主要零售通路打交道。在我的經驗裡，零售通路的買手時常變動，不管是換部門、換公司、升職的都有。正因如此，你必須要有計畫和你的客戶們一起成長，保持你們的關係，長時間下來就會累積一股幫你成長生意的力量。舉例來說，當你和一家零售通路做生意，儘管買手是你最常洽談的對象，但是他可能不是你唯一接觸的人。一個採購團隊通常包含了買手、助理買手、企劃和下訂單的團隊。所以當你準備和通路商成長生意的時候，你也要計畫與這群人一起成長。比方說，助理買手未來可能變成買手，或者是企劃和訂單團隊的人未來也有可能變成你的買手；而你的買手也可能升官變成採購經

理，也就是買手們的老闆。作為一個業務，當你知道如何掌握這一串關係的時候，那麼所有人員的調動就是你人脈上的資產。如果你懂得持續播撒人脈的種子，你的生意甚至個人發展未來就會獲益。培養關係和個人發展很類似，最好的時機是20年前，第二好的時機就是今天，越早做越好並且要有計畫地去執行。

一個優秀的業務要讓公司內部的同事和你一起成長，外面的人脈也是如此。你可能會問：我如何幫助我的買手成長？其實一個好的供應商能做的有很多種方式，只是大部分人都沒有注意到而已。之前提過，你有可能在零售通路大型會議裡和買手的管理階層認識。你如何善用這層關係，在適當的時機幫你的買手講好話（請注意不是拍馬屁）也是一個高超的技巧。你如何讓買手的老闆知道這買手的優秀，如：他是一個談判高手但是又很公平——這是對買手最高的稱讚。要稱讚別人又不像是在拍馬屁需要技巧也需要練習。再者，如果買手的團隊做了些什麼好事，你也可以寫電郵給買手予以讚美。相信我，長期下來對你個人及生意上會有很大的助益。

接下來，很重要的一點必須特別提醒，當你與客戶建立好關係後，偶爾你會接到有些客戶要請你幫忙找工作的需求。這部分關係拿捏的程度又有所不同。另外，有很多採購經理甚至採購部門更高階的主管在聘用一個買手之前可能會尋求供應商的意見。當然這會是私底下的溝通，通常這供應商也是行業裡數一數二的專業型供應商。這就是被視為專家的好處，連客戶的人事問題都有可能會徵求你的意見。因為

通路商管理階層知道一個好供應商會建議哪個決定對他們通路商最有幫助。這種事情發生的頻率頗高，所以當你是處於這個諮詢圈裡的時候，不但表示你已得到通路商高層的信任，你還有機會幫助某些人得到他們想要的工作，這時你就是這家通路商真正的生意夥伴。到了這個境界，請你務必愛惜你的羽毛，不要濫用他們對你的信任。失去了信任再信任就難，你給的建議一定真的是為通路商著想，而不是要偷偷地為自己增加生意。只要你想著如何將客戶的利益最大化，長期也就會幫自己帶來利益。

本章重點

◆公司和個人都要有提升的計畫，否則容易活在自滿的舒適圈裡。

◆目標的設定不只是針對自己的公司，而且要跟每位客戶目標一起成長。把你的計畫和客戶分享，隨時檢驗方向是否正確以及如何做相應的調整。

◆公司目標包含：銷售業績、公司內部團隊成長以及與客戶關係的建立。

◆公司內部團隊成長可運用三個E：Experience（經驗）、Education（教育）、Exposure（接觸）來作為大方向。

◆和客戶的團隊建立長遠關係非常重要。要得到客戶的信任很難，但又很容易失去。

第九章
迎向高端客戶

　　很多公司在生意做得順利業績也達標後，整個團隊就開始安逸地活在舒適圈內。久而久之，除非公司有特別的成長計畫，否則整個團隊就會忘記提升自己而漸漸失去競爭力。希望這不是你的公司。我們在上一章提到如何成長你的團隊。你們的成長是基於公司對於未來的願景，除了提升員工，一個好的供應商還需考慮如何提升客戶群。你們可以藉由客戶群的提升來增加你們公司做事的效率進而提高業績、獲利及形象等等。很多產業都有他們心中理想的客戶群，那你們的是什麼？你們心中想要服務的對象是哪些呢？以賣車為例，賓士車業務服務的客戶跟本田的業務所服務的客戶不同，以至於服務客戶的策略及等級甚至專注度也不一樣。當然，兩台引擎大約同樣大小的車，賓士和本田的售價也差很多。長遠來看，你可能會在你的客戶群中漸漸往某一方向升級，你公司的員工與設備也需要升級才可以迎接各方面而來的競爭。

　　你可能有聽過義大利經濟學家Vilfredo Pareto所提出的80/20法則。以零售業來說，這代表的是你的80%營業額來自於你那20%的客戶。這是一個概念而非精準的衡量數字。也

就是說不一定就是80%和20%那樣的精準；有可能是75%和25%，或者是85%和15%，如此你就應該可以了解這個基本概念。如果你這20%的客戶可以為你帶來80%的營業額，那你其他80%的客戶就只能給你20%的營業額。依此計算一下，你們公司營業額上方20%客戶的產能等於下面80%客戶的16倍，那麼你有把時間和資源多放在那上面20%的客戶身上嗎？還是你被下面那80%的客戶耗費掉你大部分的時間呢？仔細看一看，是不是有些客戶只占整體1%或2%的生意，但是你在他們身上花了10%或20%的時間呢？這些就是降低你產能的客戶，那麼你就必須減少他們的數量。你要把多一點時間運用在這20%的客戶身上，你的產能和效率才會增加。那問題是，你如何吸引增加更多上面20%的客戶而且減少下面80%的客戶呢？

再者，如果你也把那20%的客戶再用80/20法則去區分，結果會是如何？上面20%的20%也就是你所有客戶總數最頂端4%的客戶。理論上這4%的客戶會產出你的80%的80%營業額，也就是64%的總營業額。接下來，你如果把下面那80%的客戶也用80/20法則去分，下方80%的80%也就是你最下面64%的客戶只會製造出你整個公司4%的營業額。如此一來，你們公司頂端4%客戶的產能等於最下方64%客戶產能的256倍！哇，相信不用我明講你也已經知道該把你的時間及資源放在哪些客戶身上了。你如何去辨識讓你們公司更有產能和效率的客戶？你當然可以繼續用這個理論去分析。問題是你知道你們公司目前哪一些是屬於頂端4%的客戶，而哪些又是下面的64%？哪些客戶你可以拿到比較多的業務和獲利，而

哪些客戶用到你很多時間但業績和獲利卻少之又少？你可以很快地分析出來嗎？你和公司的同仁是否常抱怨時間不夠，因為你們花太多時間在那64%的客戶身上？那我們要如何找更多像頂端4%的客戶呢？這真是一個好問題！

在了解80/20法則的概念之前，你可能沒辦法問這個問題。現在你已知道這概念，我們就來看如何找到更多不占用你太多時間和資源的好客戶，還有如何把那些占用太多時間和資源的客戶炒魷魚，沒錯，我說的就是炒魷魚！你要有勇氣去面對這個問題。我們人生一輩子的資源不外乎兩個——錢和時間。你永遠有辦法去多賺一塊錢，但是你永遠沒有辦法去賺回浪費掉的一分鐘。一個好的供應商必須要懂得如何善用你自己的時間。有很多人會說有總比沒有好，所以下面那64%的客戶也可以做。你可曾想過，因為這下面64%的客戶占用掉你太多心力，導致你沒有時間好好去思考如何增加上面4%的客戶？思考不是件容易的事，所以很多人也就沒有仔細去思考，或用忙碌的理由不去思考。或著你會說現在下面64%的客戶表示公司產能量也還不錯。好好想想，每個人一天都只有24小時，你可以決定如何去運用它。和個人成長一樣，你也要思考如何在生意上把時間用在對的地方，這樣才能發揮你們公司最大的效率。為達到此目標，你必須要仔細去分析你們目前的客戶，哪一個是真正有潛力，哪一個是產能太低必須要分道揚鑣。

我在上培訓課程時，把客戶開除的概念不是一個容易教授的課題。產能低的客戶會把你的時間都浪費掉，讓整個團隊無法思考如何去尋找產能高的客戶。但是因為產能低的客

戶可以讓整個團隊看起來很忙碌，很多業務人員下意識裡就會把這當成理由而不去開發高產能的新客戶。有些業務或許也不清楚下面這64%的客戶產能不高，只因為跟這些客戶合作很久就覺得工作起來習慣自在。如果沒有這些產能低的客戶，這些業務自然就會多出時間去找新客戶，這對很多人來說等於踏出了舒適圈，當然會有所抱怨，所以就用沒時間來當作理由。之前的章節提過，你們公司可能只有6%的人想要自我提升，業務人員也是如此。如果你發現你的業務人員在舒適圈太久，就必須將這議題提出來討論，以免造成公司業務成長緩慢或是停滯不前。

刪掉產能低的客戶

沒錯，你需要刪除一些客戶。但是你如何擺脫他們卻不會造成長遠負面的影響？和零售通路打交道最容易的方式就是把價錢提高。如果你的價錢報高，通路商就無法達到他們預期的獲利，自然不會向你購買。但需注意的是當你在報高價錢的時候態度要誠懇，不要把未來可能的路都封死。為什麼？因為商場上變化多端，今天他可能是一個產能低的客戶，但如果這間公司做了改變，未來可能會成為一個高產能的客戶。通路商每年會對所有供應商做一次大評估，你也需要對你們所有客戶一年做一次評估。想要刪除的客戶目前也許產能不高，但他們未來產能高的時候，你還是要把這扇門打開，只因為現在這客戶占用你們太多時間暫時先把它刪掉。所以雖然將價錢報高但是態度要誠懇非常重要。

爭取高價值的客戶

　　每個業務聽到要去找新客戶多少都會神經緊繃，因為這代表他們得踏出舒適圈。整體而言，高價值的客戶就是讓公司可獲利較高的客戶，至少從長遠利益的角度來看。這當然也包含了把低價值客戶轉型成高價值的客戶。如果你能將客戶轉型成功，對你們公司可說是一大勝利，因為轉變現有的客戶永遠比去尋找全新客戶來得容易。這個工作完全要從供應商方面來做，只靠客戶來為你們做改變的機率微乎其微。你如何把一個產能很低或是效率很低的客戶轉成高效的客戶呢？運用科技？或者可以請一個薪水較低的新手業務專門來應付這種客戶？你必須想盡辦法轉化這種產能低或者獲利低的客戶。如果你用盡所有的方法卻無法成功，你們就必須將這個客戶從現有客戶名單中刪除，如此你們才可以把時間和資源用在比較有價值的客戶上。

　　當我們提到以效率的高低維護客戶，相信很多傳統工廠的老闆又會想起貿易商。因為和大部分貿易商合作等於是貨出了工廠就沒有工廠的事了。與貿易商合作也沒有什麼錯，畢竟貿易商行業的存在已有幾百年。雖然許多貿易商在工廠和零售通路之間抽取成數不低的佣金，但他們確實是運用專業知識做很多工廠不懂也不願意去做的事情，所以在整個國際貿易環節中還是有他們存在的原因。如果你不想讓工廠做那麼多事，既然貿易商比較有效率就把貨交給他們去跟通路商周旋，那你就要有心理準備——工廠大部分的獲利和市場第一手資訊會被貿易商拿走。對很多工廠來說，貿易商可能

是短期解決確訂單的方式，但長期下來工廠還是要有自己與通路商合作的計畫。即使不知如何計畫也要先排好時間表，不要讓貿易商吃掉你長期的利潤。此外，最好和兩三家以上的貿易商合作，這樣你才能比較各家獲利及其行銷能力。在和各家貿易商合作過程當中，千萬不要忘了學習和提升你們的專業能力。有些貿易商確實有很不錯的生意策略以及和通路商合作的方法，這些都是可以經由和貿易商合作中得到啟發並加以學習。

　　當你們在評估和通路商或是貿易商合作的各項優缺點時，付款期會是一個重要因素。讓我們先來看通路商。當你和通路商簽署付款期之後，如果要變更期限，延長容易但縮短難。最近幾年，美國各大通路商都有把付款期限延長的傾向。如果你願意接受一個長的付款期，就要確定你們可買得到保險。有的通路商要求供應商的付款期要長於90天甚至到120天，像這種長時間的付款期，有些供應商乾脆就把未收帳款直接賣給銀行，讓銀行收取利息和風險費用。供應商就需要把利息和風險費用的百分比加在報價裡面，如此一來供應商可確定保有原訂計畫的現金流。而且，如果萬一通路商破產，供應商也不會因此收不到錢。

　　貿易商的付款方式則與通路商不太一樣。這也需要視工廠和貿易商的規模大小而定。近幾年貿易商和工廠的付款期從預付款到付款期180天都有聽過，也要看工廠和貿易商彼此的信任程度和熟悉程度來決定。有時候貿易商會付所謂的模具費。模具費是屬於產品開發的費用，所有美國通路商幾乎都不可能付這筆費用，至少我沒聽過。有時候模具費也是

一大筆投資，如果貿易商願意付模具費，對工廠來說這個貿易商可能就是一個優質的客戶，因為產品開發成本明顯降低，這也是為什麼很多工廠喜歡和貿易商合作的原因之一。

開發小型客戶

本書一開始即教大家如何和美國的大型零售通路做生意。但是美國有很多小型的通路其實也是值得合作的對象。這些小型零售通路知道他們可能對供應商而言比較不重要，所以多半會願意接受比較高的報價且談判協商的過程也沒有那麼難處理。面對這些小型的客戶也會是你們年輕業務最好的練習機會。小型的零售通路通常有這些共同的特色：

・營業額小

・屬於私人擁有或是一個家族擁有

・不會瘋狂殺價

・安排和買手見面的機會比較容易

・付款期較短

・從美國倉庫進貨

・沒有太多廣告費或降價金

看到這裡你不難發現，這些共同特色正好是給一個年輕經驗較少的業務來處理的最佳客戶。一個公司主管的責任包含幫助年輕業務建立經驗和信心，而與這些小通路談業務就是非常好的練習方式，以作為他們日後和大型通路合作的借鏡與跳板。因為小型客戶的獲利通常比較好，對於這些年輕

業務也是一種鼓勵，而且他們可以把在客戶端收集的一些市場資訊帶回給公司的業務經理，業務經理再把這些資訊吸收整合到公司業務策略裡。即使年輕業務碰到一些挑戰，業務經理也可以隨時插手幫忙處理。如此一來，年輕業務不但能有機會真操實練，也會幫公司帶來好的獲利，最重要的是業務經理不用花時間在這些小客戶上而是去專注大客戶。萬一年輕業務將生意搞砸了，由於是較小的客戶，對公司整體的影響也相對較少。

調整你的工作習慣

我們在客戶的價值裡談到了所謂80/20法則，你每天的工作習慣也可以用80/20法則來分析。在辦公室裡我們最常聽到的抱怨就是時間不夠用，也常聽到人家說如何做好時間管控。每個人每天都有24小時，但你無法管控時間，不管你有沒有做到你想要做的事情，24小時都會過去。你有辦法控制的是你自己和你自己做事的方式。你的工作效率及時間取決於如何管控你的工作方式及習慣。你要給你的團隊何種培訓以提高他們的工作效率？比方說，很多人一早進辦公室第一件事就是看郵件。這樣對你是最有效率的方式嗎？我可以說對我不是。因為大部分的郵件都是別人要我處理他們的事情，而不是我要做的事情。如果我一早就開始做別人的事情，有可能一整天都沒法做到我優先要處理的事。這個概念對業務非常重要。Stephen R. Covey在他的《高效能人士的7個習慣》（*The 7 Habits of Highly Effective People*）中裡面提

到：「如果你不安排你做事的優先順序，別人將會幫你安排你做事的優先順序。」（If you don't set your priorities, your priorities will be set for you.）也就是說，如果你不訂下每天的行程朝你的目標去進行，別人就會幫你訂行程朝著他們的目標去做。更糟糕的狀況是，因為別人做事情的不知輕重緩急，也造成了你的首要任務一改再改。你必須要有每天需完成的目標，安排好你的行程，你也可以訓練別人不要干擾你已安排的工作時間，如果要找你談事情也要學著如何和你約時間才行。

有很多人早上一到辦公室就開始看郵件，結果一整天都在讀沒完沒了的電郵。Darren Hardy說了一個公司執行長的諷刺笑話。他說有一家公司的執行長上任後，很驕傲地告訴同事們，他從這家公司的最基層一路做到執行長。他剛進公司時窩在公司的收發室處理郵件，雖然現在當上執行長，其實每天還是在處理郵件，只是他現在處理的是電子郵件而已。這個笑話當然有一程度的事實成分在。我們每天都收到一大堆郵件，如果你不告訴別人你會在哪時候回覆，很多人自然會期待你馬上回覆他們。以我個人來說，很多人都知道我一天看電郵兩次，第一次是在中午吃飯之前，第二次則在下午四點左右。在這中間所傳的郵件，除非是緊急事件否則我不會馬上回覆。很多領導力的培訓教授處理電郵的方式用三個D：Deal、Delegate或是Delete，也就是你看到電郵之後馬上處理，或是請別人處理，或是刪掉。如此一來你就不會看到一次以上的同一封郵件。很多人看郵件有個很不好的習慣就是看了之後不處理，希望問題會自動消失。但問題不會

消失，如果你不處理做決定，那個問題一整天就會煩著你，這也就是效率高和效率低的人的差別。

回到80/20法則，你的80%結果來自於你所做那20%的事。你做的事情包含開會、講電話、收發郵件和你的學習。問題是，你知道你做的哪些事會幫你帶來你要的結果嗎？而哪些又是浪費時間的事呢？Stephen Covey在他的書裡做了一個時間安排的矩陣，我們來看看：

時間管理矩陣

	緊急	不緊急
重要	象限一 ·危機 ·迫切問題 ·需要在限定時間內完成的任務	象限二 ·建立關係 ·尋找新的機會 ·長期計畫 ·預防性的措施 ·個人成長 ·個人消遣娛樂
不重要	象限三 ·干擾 ·電郵、電話、會議 ·突然來的訪客	象限四 ·辦公室聊天 ·浪費時間的紙上作業 ·浪費時間的電話和電郵 ·過長的午餐時間／喝咖啡時間

　　我們可以把每天在辦公室做的事基本上分到這四個象限裡。這個矩陣是把所有的事情依照他們的重要性和緊急性來劃分。絕大部分的人很少會分析他們一天的工作時間，也因此混淆了每一件事情的重要性和緊急性的分別。重要的事情歸納在象限二裡，因為那些是會幫你帶來好結果的事情，但也因為不緊急往往被忽略。其實在象限二裡的事情我們都需要有計畫地安排時間去做，比如說建立關係和新客戶，如果持續忽視不處理，長期下來就會對公司或個人發展有負面的影響。

　　緊急性，顯而易見就是那些需要你馬上去做的事情。緊急的事情有的重要有的不重要，舉例來說，突然有通電話或訪客需要接待，或突然出現的一些事件。根據這個矩陣來看，我們要儘量減少在第三象限裡面的活動，而增加投資在第二象限活動的時間。至於在第四象限的事情則是直接回絕，因為那些都是純粹浪費時間的事情。做事有效率的人不會把時間用在第三象限和第四象限，因為那些都是不重要的事情。其實第四象限，你要學習如何拒絕，而且要讓別人知道你不想把精力和時間放在這種事情上面。如果你沒有回絕，別人會覺得你喜歡和他們聊天甚至在背後說三道四。

　　不只是你個人，你的團隊也需要仔細分析這個時間管理矩陣以提高工作品質並變得更有效率。業務團隊必須選擇把時間投資在回收比例比較高的客戶。不管你是打電話、開會或是準備資料，你都要分析這些客戶的投資報酬率才會提升客戶的品質。但在提升客戶的品質之前，請先提升自己的工作品質。如果你真有一些效率低的工作非得做，也可考慮請

一個人來代理執行。這也是為什麼一些主管都有秘書來幫他們安排時間，秘書也會幫老闆回絕一些效率不高的會議。鑑於有些人拒絕功夫不怎麼好，我們才需要這些既會拒絕又不會得罪人的專業秘書來處理。一個好的秘書不光是助理打雜而已，術業有專攻必有他們專業價值存在。

另外，如果你有很多紙上作業比方說填表格或打字之類，你必須先評估這些自己動手做的投資報酬率。最常見到是跟美國通路商合作之後，每家通路商各有不同表格及不同的報價方式來輸入他們的系統，光把資料打進一家通路商的系統就需要很多時間。針對亞洲供應商，我個人認為請一個比較沒有經驗甚至工讀生來執行這些打字的工作即可。很多人可能會說，我自己打只要一分鐘就好了。好，如果你是業務主管，這一分鐘有可能變成一個小時甚至一天。而且你多一分鐘去打字也就是少了一分鐘去思考未來生意的發展，因為你把時間用在回報率低的工作上，整個生意回報率就低。同樣地，如果你把時間都用在獲利不高的客戶上面，你整個生意的獲利當然也不會高。所以，你要仔細回顧所有的工作內容，把回報率低的工作刪掉，或者是請一個工資比較低的人來幫你做這些回報率低的工作，同時要把回報率低的客戶刪除，才有時間去思考如何與回報率高的客戶合作。

和你的買手一起成長

我們之前談過你的買手可能會換工作。其實這種事情你沒有辦法控制，但我建議把它當作是擴展你人際關係的機

會，這裡又顯示出建立關係的重要性了。在現今商場上，你的買手有可能會晉升到採購經理有機會去買其他的產品，甚至跳槽到別家零售通路做買手或採購經理。這種事情常常發生，所以你要先有準備，等發生的時候如何把它看成是一個契機。本書之前已經談到當你的買手採購不同產品時你如何藉由人脈來擴展你的產品線。當你的買手是換到別家公司的時候，你也可以用類似的方法來拓展生意。但是你要注意過去曾經給不同零售通路的報價，這一點非常重要。比方說，一個買手從A公司跳槽到B公司，你必須要先檢查你之前對B公司和對A公司的報價有何不同。如果你報給B公司的價錢和報給A公司的不一樣，這位你已交手過的買手可能會問你原因，而你也必須要能夠解釋出個所以然來。可能的解釋有很多種，如促銷金、退貨或付款期之類。總之你的答案不能不合邏輯否則會影響到買手對你的信任。千萬不可以抱著僥倖的心態，或者是以為買手不會記住舊的價錢。也有可能買手忘記或者不會問，但如果因為這樣被懷疑你的誠信度，不論在長期關係的經營還是個人的名譽方面都會受到傷害。

作為一個和買手熟識的供應商來說，你最大的任務就是幫這個買手在新公司裡立下一些功勞。多數人過往都有加入新公司工作的經驗，也急於想要在新公司一展長才受到肯定，所以可能都會做些特別的案子來展現自己的能力，你的買手朋友想法也是一樣。作為一個好的供應商，這時候就要問買手你要怎麼來幫他？不要以為這個問題太基本，你永遠不知道會聽到什麼新的東西。你可以問買手，三至六個月內他想要達到最主要的三件事情是什麼？你如何協助他達到目

標？你光是問這個問題，買手應該就會對你心存感激，不管你是否真的能夠幫忙到什麼事情，你就是要讓買手看到你的誠意，這會對你長遠的關係更有助益。

另外一個情形是你的買手去負責完全不一樣的產品線，同樣地，你的買手仍然會想要在短時間內力求表現。雖然產品線不同，我的建議是不要預設立場以為沒辦法幫到他，永遠提出問題看他怎麼回答。就光是提問題，很多供應商常常會有意想不到的收穫，也就是多出來的生意。不但不會傷害到你們公司任何事，有時候也意外地成為新產品線的貿易商，就是去和別家工廠買產品再賣給這個零售通路。你的目標是要幫你的買手朋友立功，把這層關係建立的更加穩固。

如果你的買手升職變成採購經理，你也要用同樣的方法來保持你們的關係。採購經理是買手的老闆，他的責任是幫助買手做更好的決定。採購經理通常不直接決定購買任何產品，但是他們會引導買手做出比較正確的決定。以選擇產品和選擇供應商這兩項工作來說，大部分的美國零售通路採購經理不會凌駕買手的決定，即使有，發生頻率也很低。如果你看到採購經理推翻買手的決定，那你就要想辦法和採購經理打交道，因為很明顯在這家通路買手不是做決定的人。雖然採購經理不做單一產品和單一供應商的決策，但他還是買手的上司，還是很希望供應商能夠在固定時間和他們保持聯繫，以讓他們知道市場的現況。當然他們也想知道底下的買手所做的決定是否正確。這些種種原因集合起來，也不難想像你這位新任採購經理朋友也想要立下一些功勞，同樣你也可以問如何能幫助他。更有可能他會要你和其他買手接觸，

這又是一個擴展生意的機會了。這種與買手老闆甚至更高管理階層的關係價值非同小可。我看過太多供應商投資在這類關係上，之後新任採購經理朋友在零售通路內部一路升官，結果這個供應商在這家通路商的生意就此一帆風順。想像一下今天你的買手10年後、15年後他會到達什麼職位？所以有策略性的維繫關係是一門重要的學問。

成長銷售好、獲利高的產品

本章所強調的80/20法則當然也要用在產品上。常看到的是每家公司總有些產品賣得很好，但還有一些產品連最初的投資都沒有辦法賺回來。和你評估每個客戶一樣，你們要去評估每一個產品的效率。請注意這裡的效率不是生產的速度，而是這個產品所產出的業績和獲利。不用我說你已經知道了，你要把時間和資源放在效率高的產品上，而那些效率低的產品就要有計畫的改善或者是移除。但是我們最常看到那些高業績的產品獲利率並不高，而獲利率高的產品總業績量卻很低。這部分就挑戰到一個業務人員對公司前景的整體思維，這也可能需要跨部門的會議來決定什麼方向對公司最好，業務才能決定推哪一個產品，刪除什麼產品，這也是做為業務具有挑戰性而且有趣的地方。

此外，你要有計畫地提升產品線利潤的百分比。如果你把所有產品用利潤百分比以及總獲利來排列，你就會看出要決定主推哪一個產品、提升或刪掉哪一個產品。最難的是獲利率低的產品往往都會創造出高業績。如果把這些產品刪

掉，銷售業績可能會大受影響。而這些通常也是整個產品線當中的基本產品，所以供應商就會陷入兩難。沒錯，大部分通路商都喜歡向同一個供應商購買整個系列的產品，這也就強迫供應商為了生意必須提供含那些低利潤的整個產品系列。如果你們是因為這個原因，其實是可以理解的。如果你們不一定要賣這些利潤低的產品，打算刪掉他們，業務還要注意整體營業額。有的公司因為各種不同的原因需要整體營業額來展現公司風光的一面，所以如果刪掉利潤低的產品會影響公司整個營業額，公司內部必須要先有共識才可進行這個動作。終究來說，絕大部分生意的存在是為了獲利，如果沒有獲利，我們也都不會在這裡。以上值得你好好思考如何運用你的專業技能和知識，把你的資源用80/20法則來投資和提升你的生意。

總結來說，你可以藉由提升你的客戶、你的團隊、你的產品以及你的工作方式來提升你的生意。絕大部分的人不曉得這個道理，真知道的可能也沒有好好去理解，真理解的可能沒有去執行。那你是哪一個呢？一個好的領導者會放慢腳步去思考。他會一直去檢視和矯正自己的軌道來確定方向是否正確，他會有固定的思考時間來確認目標。就像美國汽車大王亨利福特所說的：「思考是最難的工作，這也是為什麼很少人會去做。」（Thinking is the hardest work, which is probably the reason why so few engage in it.）我個人非常同意這句話。但我更要強調，思考讓我在整個職業生涯裡獲益甚多。Stephen R. Covey 他的書中也提到「鋒利鋸齒」（Sharpen the Saw）這概念，如果你想要很有效率，你就必

須安排時間來思考，調整你自己的身心健康。不只是個人及公司管理層面都是一樣。公司的領導階層必須要安排時間來思考團隊的工作，去思考團隊所做的工作是不是朝著公司中長期的目標前進。這對公司長期經營，不論成功或失敗與否扮演了相當重要的角色，千萬不要忽略思考的重要性。

本章重點

◆提升客戶品質有可能做到，但要鎖定客戶目標並提供好的服務。

◆善用80/20法則，80%的結果是來自於你20%的努力。

◆知道哪些客戶會帶給你最大的產能、業績和獲利，哪些客戶又會讓降低你的效率。勇敢的把效率低的客戶刪除。

◆注意自己把時間投資在哪些事情上面。緊急的事情並不代表是重要的，也不要因為不緊急而忽略了重要的事情。

◆很多公司忽略去提升他們的客戶、產品和提升自己的團隊。有策略去思考，去執行提升他們，相信你將會超越你的競爭對手。

第十章
走向未來，今天開始

　　有人說，超越競爭對手最簡單的方法就是去想像10年後你的行業將會如何運作，今天就用你所想像的方式來進行。本書看到這裡，你應該對如何與美國大型零售通路合作有很好的理解了，我相信只要你能做到本書內容所提及的一半技巧，不但你的生意會成長許多，你的競爭對手也根本沒有辦法與你相提並論。本書所提到的技巧大部分都不難，但是必須要有計畫的去執行。通常，執行是最困難的一步。我的問題是，你如何有計畫的執行？你如何保持毅力執行你的計畫？很多寫書的人都知道，如果有任何東西打擾他們，讓他們有了「不用寫書」的正當理由，這會是他們最開心的事情。寫書很難，做業務也是一樣。做業務最難之處在於自我的恐懼，主動拿起電話打給新客戶。因為很多人都會用各種理由不跟客戶聯絡，所以才會有許多業務主管乾脆規定每個業務一天至少要打給幾位新客戶，這就說明儘管很多人都知道成長的重要，但實際去做卻是少之又少。好消息是那個人不是你。如果這本書你已經讀到這裡，我知道你已經開始動作準備提升你自己了。你必須有一些動力來保持你的堅持和毅力，動力是什麼？那就是你的目標。試著去想想看你成功

的畫面，你的成功是什麼樣子？是你要的房子？還是你要的車子？還是你要帶著家人去旅遊？當你的目標夠清楚夠強烈的時候，你就會有往前進的動力和方法。當你覺得沒有毅力再堅持下去時，回頭看看你的目標是不是真正所想要的？是否要對目標做調整？

這本書把很多亞洲業務人員推向舒適圈之外，要他們跳脫框架去思考業務。業務人員要有勇氣去問自己為什麼還是用同樣的方式來做業務？為什麼需要調整？你是那種一直跟在零售通路買手腳步後面走的業務嗎？那如果用你的行銷策略來帶領買手會是什麼樣子呢？這些問題對許多傳統業務可能會感到恐懼。沒有關係，成長本來就會令人不安。沒有挑戰，那你大概也就不會有任何的改變。我作為許多亞洲工廠商業成長的教練，教他們如何改變原有的思維提升自己，然後直接可以與美國大型零售通路做生意。很多被我訓練過的管理人員和業務人員都要重新學習他們對生意的認知。他們一開始受訓時也是很不自在，但不是因為語言的關係，他們的不自在是來自於他們要用零售通路的常用語言來和買手溝通。不少工廠老闆本身就是業務，背景也多來自工程或機械領域，所以他們跟買手溝通時總習慣用一些工廠語言而不是零售通路語言。以價錢為例，他們會一直說到製造成本，但買手想的是零售價錢；他們會說堅固耐用的包裝，買手想的卻是如何有吸引消費者的包裝。當我在大型訓練課程中講到溝通語言部分的時候，我就會看到台下很多學員在偷笑。用對語言，用買手熟悉的語言是你吸引買手注意力的方法。當一個演講者提到你有興趣的東西，你的注意力當然就會轉換

到他身上。所以當你在簡報中涵蓋買手關心的業績跟獲利時，買手耳朵就會豎起來聽你說。這些只是很簡單如何抓住觀眾注意力的方法之一而已，一旦你抓到觀眾的注意力，那後面的事情就比較好處理了。

　　現在你已了解和美國大型零售通路合作不一定需要英文是母語的美國人了。沒錯，如果業務有一口流利的英語是有幫助，但最關鍵的還是具體的生意內容，比方說怎麼幫助零售通路的銷售業績或者是獲利成長。如果一切都是空談，再怎麼說標準的英語也沒有用。通路買手的全職工作就是不斷地尋找產品來增加他們的銷售及獲利。很多亞洲工廠以為只要和買手喝酒吃飯作朋友，之後的生意就會一帆風順，也許對小型的客戶行得通，因為不少老闆或是他的家人就是小型通路商或貿易商的買手。但一般大型零售通路內部規定嚴格，很多禁止買手讓供應商請吃飯。和大型零售通路（上市公司）成長生意最好的方法就是生意策略。這看起來很基本無所新意，但卻是大部分亞洲供應商不知道或是不願意去面對的方法。我們也談到了如何與通路商做生意的策略，建立關係是其中之一，但不是唯一。最重要還是長期共同成長業績的策略。你想要看到你的產品在哪一些零售通路裡？產品在貨架上會是什麼模樣？在哪一個時間點發生？只要你有渴望，你就會有跨越障礙的動力。尤其在剛開始的時候和通路商做生意一定會有障礙，你的最終目標和願景是讓你繼續往前的動力，所以你對你的願景必須要非常清楚。閉上眼睛，思考一下，你有那個畫面嗎？你有把你的團隊帶到那個畫面中的策略嗎？你如何把這成功的畫面分享給你的團隊和你的

客戶知道？如果你可以描述出一個他們都願意跟隨的願景，那就表示你的溝通和影響力已非同小可。講一口標準英語只是蛋糕上的點綴，但首先你要有蛋糕，這些點綴才會有意義。

之前我已經講過，很多美國買手其實喜歡聽亞洲人說英文，我個人就有這種第一手的經驗，有些人甚至覺得亞洲腔很酷，我也把這個事實分享給大型訓練課程裡的學員們，幫他們消除自己不能上第一線談生意的疑慮，讓大家知道，所謂要請一個美國人來協助你談生意是個不存在的理由。有很多亞洲工廠硬是去找一個美國人來幫忙談生意，但是很多時候這種臨時聘來的美國人並沒有生意概念，導致在買手面前雞同鴨講。我個人在美國當買手的時候就碰到不少例子，就因為生意部分講得沒頭沒腦，買手很快就決定不再跟這家供應商繼續討論下去。千萬不要讓這類事情發生，你已經知道真正生意的策略比流利的英語還重要，如果你真的需要一個翻譯，就請一個翻譯吧！這真的並非什麼大不了的事。

認清你的目標

認清目標是我對工廠老闆們訓練課程裡的第一件事。聽起來似乎很簡單，但這與個人提升的訓練一樣，很多人不知道他的人生要的是什麼。同理，很多工廠老闆也不知道他們生意未來的目標是什麼。當我硬逼他們講出一些答案時，大部分就是類似更多生意或是更多獲利之類的回答。但是，他們還是沒有策略去計畫如何達到他講的目標，原因是他們連

想都沒想過這個問題。再退一步來說明，大部分人沒有真正研究過從客戶手中可以拿到多少潛在的生意。就衝著一個美國大零售通路的名字，就開始想像會有很多生意，這是非常傳統亞洲工廠的思維。從頭到尾沒有去分析這家通路和自己工廠產品的連接性，也沒有去想其他可能發展及增加收入的生意。沒有做過這些研究分析，他們就無法訂出一個既實際又有挑戰性的目標。因為沒有目標，工廠和生意就過一天算一天，一成不變。如果你是一家工廠的管理階層，必須了解如果你沒有目標，你的團隊和你的客戶，甚至你的教練都不知道要如何幫你。這有點像是一個人跑到機場櫃檯說他要買一張機票，櫃檯人員問他要去哪裡，這個人說不知道。那櫃檯人員如何賣他機票呢？做生意上也是如此。如果你不知道自己要什麼，連想幫助你的人也無從幫起。你不能只告訴你的團隊說我們要做生意卻不知目標為何。也就是說，你要清楚從每個客戶身上可拿到的生意，並基於此來訂下目標挑戰你自己和你的團隊。

　　當有了清楚的目標之後，下一步就開始準備如何達到你的目標。《孫子兵法》裡提到戰爭的勝負在準備階段就已決定。很多沒經驗的業務以為只要有買手的聯絡方式，再和買手開個會，這樣他們就會有生意。如果他們沒有事前準備會議內容及練習如何談判，即使到了買手面前也很難談出一個好結果。很簡單的一句話：如果你不知道你的目標就無法達標。去見買手前無法做到百分之百的充分準備，那也可以不用去了。這就好像去打一場沒有把握的戰爭，為什麼要浪費這些人力和資源呢？如果要進入一場競爭，你必須要知道自

己的優勢在哪裡。如果完全沒有優勢，千萬不要進場。這也是為什麼在我的大型訓練課程裡特別用多一點的時間來培訓如何準備和買手的會議。我讓學員們互相討論，甚至互相練習如何談判各種主題。因為每家公司的目標不一樣，可能談到的主題也各自有異，所以準備的內容當然不一樣。一切的準備和練習都視你的目標而定，由此可見目標是何等重要。許多亞洲工廠老闆以為只要把產品攤在買手面前，讓他看看產品有多好就可以做成生意。如果不行，就降低價錢；再不行，再降低價錢。聽起來是不是很熟悉？這就是為什麼很多亞洲工廠到最後一直抱怨賺不到錢，因為是自己一直在降價。我希望你已經了解如何準備你的會議，能夠保證讓你最終得到你想要的就是要有充分的準備。

在我所有大小型的培訓課程裡，每個學員都覺得第一次拿起電話打給客戶很不容易。我也讓他們角色互換，彼此去感受那種不自在的感覺。不管你是多好的學生，我們大部分人在學校裡都沒有學過如何第一次跟陌生人打交道。我也在很多和工廠老闆一對一的教練課程中幫助他們如何克服這個恐懼感。我提醒每個老闆，別人沒有那麼在乎他，所以在練習的時候說錯了又怎麼樣？沒人會記得的。大家只在乎他們自己，不是在乎你。這對我很多學員來說是一個新的概念，也是一個很大的解脫。此外，大部分業務第一次和買手通電話的目標都是要拿到面對面開會的機會。所以要知道你在電話裡該說什麼、不能說什麼很重要，這對他們又是一個全新的概念。很多供應商好不容易跟買手通到電話，就急著講他們的公司，講他們的產品、價錢，甚至講到他們什麼都可以

做的話題。但是他們無法把買手有策略性地引導到下一步，這種一有機會抓到買手就拼命灌輸他們公司或工廠資料的電話買手每天都在聽，對他們來講有什麼好特別的呢？我教學員在電話裡一定要提些對通路商買手有益處的東西。那是什麼呢？當然是銷售業績和獲利！因為那是買手的成績單！很多學員在我的訓練之後把他們的簡報結構及內容從工廠思維轉成零售思維，結果他們的成功率就提高了好幾倍。所以你的溝通、電話和簡報內容要做哪些調整呢？你第一通電話的目的是什麼？你簡報的目的是什麼？你們做生意的每個階段性目標是什麼？這些都是你在和客戶接觸之前可以問你自己和你的團隊的問題。

　　所有問自己的問題都是在引導你去思考。你和你的團隊會經由這些問題整理出答案，而這些答案就會轉化成你們的目標。你們的目標不能只是一個希望而是渴望，是你們非達成不可的目標，如此才會讓你們有動力去完成它，而這個渴望也是延續你毅力的原動力。如果你的目標只是一個希望而非渴望，表示你覺得沒達成也沒關係，那麼你就要重新訂個目標。訂一個真正很渴望達到、非得完成的目標。對於目標達成的願景，你必須要有個很清楚的畫面在你的腦子裡。如果你要和某個通路客戶做更多的生意，那個成功的畫面是什麼樣子？你有那個畫面嗎？當有了那個畫面，你就會使出渾身解術去準備第一通電話和第一次簡報會議，那麼恭喜你，你已跨越你的恐懼。

　　很多人參加我的培訓之後告訴我，談判單元是他們最喜歡的課程。因為在這課程裡所學到的都是他們以前在學校或

是公司裡沒學過的內容。其實在每個人的生活中，每天都在跟別人協商和談判，只是我們沒有注意到而已。你和家人會協商這個週末要去哪裡；作父母的人大概會和小孩協商幾點去睡覺或是明天去學校穿什麼衣服等。你可能會告訴你的小孩要先吃完飯才可以吃冰淇淋，這些都是協商和談判，但是大部分人都不知道協商和談判的技巧。我的培訓課程裡很多學員是第一次接觸到這個議題，以為談判是你提一個價錢對方再提另一個價錢，然後兩邊在拉扯的畫面。這不是真正的協商和談判。其實，他們要在經歷過真正的談判之後才會了解談判前準備的重要性。這有點類似打高爾夫球。剛學高爾夫球的人會一直在練習場打，並不覺得練習場有什麼重要或了不起。當這個人有機會第一次下場打18洞之後，他就會發現練習場的重要了。你可以在很多培訓課程或書籍裡面學習到一些協商和談判的技巧。過往培訓課程的學員們常常告訴我，他們運用從我的培訓中所學到的技巧，幫助他們拿到更多生意甚至更多獲利的例子。多一分準備、多一分練習，你就會有多一分獲利！

　　幾乎所有在談自我提升的書籍都會提到把你的目標寫在紙上。不管是生意上或是個人生活上的目標，只要你把它寫在紙上，達到目標的機率就會超過50%。我不知道他們這50%是如何衡量的，但是我非常同意只要你寫在紙上達標的機率就會高出很多。相信嗎，這招在談判的時候也一樣。我教我的學員們要把談判的目標白紙黑字寫出來，之後有太多學員跑來告訴我，就因為把目標寫在紙上，讓他們在談判過程中時時刻刻提醒自己，大大的增加他們達到目標的成功

率。當他們有了一次的經驗之後，我就不用再說服他們把目標寫下來了。甚至他們知道寫下來的好處，所以開始到處推銷我的培訓課程。

我們也談到問買手問題的技巧，這點在談判過程中相當重要。我們不問問題的原因是因為：（1）我們自行做一些猜測；（2）在談判過程中被自己的情緒所綁架。這兩個因素對達成談判目標都沒任何幫助。除非你有受過訓練，否則大部分人都不懂得如何問問題。對方答案的品質來自於你問題的品質，如果你懂怎麼問一些問答題而不只是是非題，你可能會得到更多意外的答案。懂得如何在各類情況中問出好的問答題是一個特殊技能。好消息是這是可以學習跟訓練的。一個優質供應商要懂得如何運用提問問題的技巧來幫自己和通路商的短期或長期合作關係達到更高的境界。

在各項協商和談判當中，雙方一定要對所有細節達成共識，整個談判才能算結束。哪怕只要有任何一點不同意，這個談判結果就是還沒有被接受。沒經驗的業務以為大部分談判都跟價錢有關，但價錢只是其中之一。在談判過程當中，你必須發揮你的創意來製造各種被接受的可能性，很多事都要把問題提出來之後才會知道，所以你不必事先去假設。除了價錢以外，你可能還會跟買手談零售通路數量、付款期、促銷計畫及促銷金等議題，和買手在這些議題當中的取捨就是你發揮創意的時候。買手可能在某個議題上沒有辦法達到你的要求，但另一個議題有可能對他來說很容易做到。而你要如何問出對的問題就要先想清楚你的目標，知道哪些對你們公司重要而哪些不是，如果你可以用不重要的東西去換取

對你們公司重要的東西，這對你們公司而言就是獲益。你也可能做一些短期的犧牲來換取長期的利益，但是要先確定最終的結果對你們公司有所好處。總之，一個業務要談判的內容除了價錢之外還有很多細節，最重要的是確定公司想要達到的目標，什麼能做，什麼不能做。

在我的培訓中都會給學員們一些談判的案子來彼此練習。學員們對這個單元反應特別熱烈，甚至討論結束還意猶未盡，每個學員都有想要分享的心得。跟做任何事一樣，協商和談判需要要練習，練習如何適切地傳達你的訊息以達到目的。你所提的內容、口氣、肢體語言，還有和對方目光交接這些小細節都需要排練。大部分人不知道要這麼做，以為只要堅持自己的立場那就是談判。所以只要你從現在開始稍加練習，每天持續進步，你就會比其他人更加優秀，成為談判的高手。

積極主動開展業務

美國零售通路比較喜歡有長期合作計畫的供應商。因為如果是長期合作，供應商必須有策略的主導他們產品的銷售計畫，而不是跟著通路商走。一個供應商當然要比通路商更了解產品及這個產品的產業，所以由供應商來主導銷售計畫才是長遠的方向。而且一個優質的供應商會跟好幾個通路商合作，所以必須要有全盤的銷售計畫，這項產品的銷售業績才不會在各通路商彼此相互銷抵。本書之前有提到如何在你的產品上做些變化以讓不同零售通路銷售。通路商也許不會

同意你的銷售計畫，但是他們在拒絕前需考慮如果你的銷售計畫真的很不錯，其他競爭通路商對手會怎麼做？我們最常看到的就是大型零售通路如果接受你的行銷計畫，那麼小型零售通路就會跟著做。跟著零售通路的銷售計畫還會有一個很大的風險即是持續降價。因為整體來說零售通路買手並沒有比供應商還要了解產品和市場。即使買手採購這個產品很長時間也了解這個市場，還是會有來自內部管理階層的壓力要買手降低價錢，這是大型通路的垢病。降低價錢不一定只出現在報價上面，有時候會在之前提到的廣告金或者是降價金裡做手腳。你必須要有自己的行銷計畫來防止通路商一天到晚要求你降價。我經常會在大型培訓課程中請學員們分享他們這方面的經驗，很多人分享在和大型通路買手打交道時的行銷策略，從彼此的經驗中學習，日後再遇到類似狀況都幫公司省了不少錢，這其實也就是公司的獲利。重點不要老是把自己鑽到降價的胡同裡，一直降價沒人賺錢，那做生意還有什麼意義？

注意你的競爭對手

我們之前提過你在同一個市場上的競爭對手會一直黏著你。和美國大型零售通路做生意類似個人的自我提升或是運動健身一樣，萬事起頭難，但只要成為習慣，從每個零售通路的合作當中學習到一些經驗，要維持生意的競爭力就相對容易多了。當然不要忘記如果你得到生意等於是你的競爭對手失去生意，他們不會坐視不管就看著你賺錢，一定會想盡

辦法把你的生意搶走，所以你要知道如何保護你的生意。我們之前用了一整個章節談這個主題，如何來保住你的生意最有效的方式就是不斷地創新。創新不只局限於產品部分，也包含了商業合作模式、談判的方式甚至促銷方案的創新。

為了讓學員抱持創新的心態，甚至日後可用之於擴展他們的生意，我為工廠老闆辦了一個小型座談會。這些老闆們都相信兩個人以上的頭腦用起來一定比一個人聰明。我們會在固定的時間開會或者以視訊的方式由老闆們來分享他們和零售通路做生意的經驗。我作為教練的角色是：（1）問問題讓他們思考；（2）確定他們不會偏離主題。這種集中思考的好處在於一個人的看法有可能會刺激到另一個人的思考而創造出一個新的生意做法。因為這些老闆都處於不同的行業也不是競爭對手，共同點在於他們都和美國大型零售通路有商業往來。當他們彼此分享經驗時，自己也會從其他學員的分享中學到一些有用的策略。這個座談會對他們來說是非常正面的投資，當中所學到的經驗就足以讓他們的生意成長到幾百萬甚至幾千萬美元。

我們也提到如何運用你的創造力來增加你的競爭優勢。首先，你必須要有信念，相信你和你的團隊的創新能力是永無止境。並且不要認為你和競爭對手是在玩一個零和的遊戲。你在產品及行銷方法上的創新為你帶來更多生意，要跟上你的腳步是你競爭對手的責任，因為你的創新為零售通路和消費者帶來更多的利益。請注意，你不一定是要發明一樣什麼東西才叫做創新，你也可以把某個零售通路的行銷策略分享到其他的零售通路，對後者這個通路也是屬於創新的銷

售方式。雖然有人會說冷飯熱炒，但如果能夠增加銷售，何樂不為？此外，如果碰到零售通路買手拒絕你的產品或是你的行銷策略因為太先進，你可以等半年或九個月之後再提出這個產品或行銷策略，有時候可能是這個零售通路內部或是外面零售大環境的改變，原本被拒絕的策略又變得可行。自由的想像是創新的源頭，讓你的思考沒有界限。在和工廠老闆們的小型座談中，我們會用一些時間來做這些腦力激盪。我讓大家提出自己的構想，而且強調沒有哪一個是壞的構想，因為每個構想很有可能會激發出其他人的想像力。我們把目標和所有的構想寫在白板上，有時候一個構想寫在白板上久了就延伸出另外一個新的想法或者創新的生意策略。這也是為什麼一群人的頭腦風暴會比一個人來的有所效果。

現在就開始行動

啊，最難的就是起而行了！Robin Sharma說過：「懂而不去動作，跟不懂是一樣的。」（Knowing what to do and not doing it is the same as not knowing what to do.）Brian Tracy在他的書 *Eat That Frog* 裡也提到，如果你一天要吞一隻青蛙，那麼一大早起床就把牠吞掉。如果你有兩隻青蛙要吞，先吞掉比較醜的那一隻。（If you have to eat a frog, eat it first thing in the morning. If you have to eat two frog, eat the ugly one first.）如果你不先吞掉，那隻青蛙就會整天盯著你看，讓你更不舒服。在生意上也是如此，如果你知道你必須有所行動，千萬不要等，直接開始動手做。因為你等得越久，自己

會越不舒服。如果你動作完成了你的生意就會有進展。即使做不好也是你的學習，長時間下來還是有所進展。所以當你把策略和計畫都寫在紙上之後，不要等，開始行動！

拖延不會幫到你，連幫你減少一丁點的恐懼感都沒可能。所以不要再延遲了，今天就開始！把你的目標、策略、計畫和該做的事寫下來，你知道嗎？就連你將這些寫下來的動作就已經幫自己把達標的機率大大提高了。你的願景和渴望推動著你往前進，如果你沒有渴望，表示那個願景還不夠好，你必須要換一個更吸引你的願景。花一點時間，坐下來，寫下你想要的東西，在未來的一年、三年、五年以及十年你想要什麼，你就會發現你真正渴望的目標，而白紙黑字上所寫的就是刺激你動作的原動力。把這張紙帶在身邊隨時拿出來審視，寫下來的東西必須很清楚是你所要的而非一個模糊的目標。比方說如果你要有錢，你要寫下要有多少錢的數字，會在哪一天實現，不可以就光寫兩個字「有錢」，這樣目標就太模糊了。英文有一句話說「If there is will, there is a way」，中文的解釋是如果你想要就會有方法。你要很清楚知道你的目標，才能朝這個方向前進。我的一位導師跟我說過：「如果你能清楚的告訴我你要什麼，我就可以告訴你要如何去達到；如果你沒有辦法清楚的告訴我你到底要什麼，沒有人有辦法告訴你。」下面列舉一些問題可以幫你思考你所想要的願景，比如三年後：

· 你的團隊是如何運作的？
· 你的產品會賣給哪些客戶？如果你可以選擇你的客戶而不是客戶來選你，你會怎麼做呢？

・如果你有選擇，你可以只賣給獲利高的客戶嗎？或者是你只選擇賣獲利高的產品呢？

・你是如何旅行的？如果不用擔心旅行預算不是很好嗎？

・如果零售通路買手甚至買手的老闆，都會主動向你詢問生意策略的看法，你會如何應付呢？

・如果你比你的競爭對手早一步知道零售通路客戶的下一個方向呢？

　　當你有很清楚的願景而且又是你所渴望，你就會一股衝勁去追求它。也就是如果你為什麼要去做的原因非常強烈時，你就會找到方法。沒錯，你會碰到挑戰，你會犯錯，如果你有堅持和毅力，結果一定會讓你吃驚。開始做出你的決定吧！做足你的功課，開始寫下未來三年甚至五年的目標，把你想要的願景，想住的房子，想開的車子或想進駐的辦公室畫面放在你的手機照片裡面，在會議空檔間或者是排隊買咖啡的時候，拿出手機翻開這些照片看一下，這是讓你繼續往前的原動力。只要你開始行動，其實目標就不遠了，相信自己！

本章重點

◆開始你的計畫和行動，想像你的願景以保持你的堅定和毅力。

◆清楚的知道你的願景和成功的畫面會是什麼。

◆永遠都要為你各項會議做最好的準備，一個會議成功與否

在會議前就已決定。

◆如果你對於你的願景渴望夠強烈，你就會找到方法。

◆萬事起頭難，開始行動後你就會有動力繼續往前。

附錄：真實案例分析

■使用零售通路買手想聽的語言

　　Taka 是一家台灣的工業電線製造公司。他們的生意來自於工業用客戶以及全世界主要電器品牌電線部分的OEM。公司這種經營型態已行之有30年，在某種程度上，公司老闆也覺得OEM就是他們公司永遠會走的一條路。

　　在2012年香港電子展，一位自稱是美國主要零售通路深圳採購辦公室的人到Taka的攤位參觀。他們開始討論如何為這家美國零售通路做自有品牌的HDMI電線的可能性。在這之前Taka從來沒有和主要零售通路交手過，但是他們感覺這可能是一個擴展生意的機會。如同面對他們的工業客戶一樣，業務回去後開始寄樣品和報價，一開始和該零售通路採購辦公室人員的溝通還算順利；但當他們的美國團隊接手之後，Taka的業務副總Ryan 開始備覺壓力，Ryan 發現美國團隊開始討論很多零售通路的細節問題，問題是他自己似懂非懂，而亞洲採購辦公室的人也不懂得如何解釋。

　　但是Ryan從一開始就有毅力想要直接和零售通路做成生意。雖然他們有部分產品在一些小型零售通路販賣，但也是經由Taka的客戶間接賣給通路，供應商並不是Taka，而且這些產品都是主要的電子產品品牌。也就是說Taka一直有能力

做出好的產品，但是他們沒有機會告訴零售通路他們就是背後的生產者。Ryan覺得這次就是把他的產品放在零售通路架上最好的機會，而且他腦袋裡面已經開始有那個畫面了，所以他決定請一個商業教練來引導他到正確的方向。

教練要Ryan和他的團隊做的第一件事就是學習零售通路語言。Ryan開始和買手談對方有興趣的市場語言，如銷售和獲利等等。而他的團隊為買手所準備資料，也很有策略性地清楚每一筆資料想達到的目的是什麼。雖然一些工廠語言的使用無法避免，但是那些都是為了讓買手了解他們生產及品質的能力。除此之外，每次和買手開會，Ryan都會找機會讓買手知道為何Taka的產品可以幫助零售通路增加銷售和獲利。當買手問他問題的時候也一樣，Ryan會想辦法再繞回去買手的銷售和獲利。Ryan偶爾也會給買手看其他零售通路的做法，讓買手更增加對他們公司的信心。Ryan的秘訣在哪裡？因為他有做好功課，開會前做足了準備。

這個案例讓買手感覺到一個製造工廠有能力告訴他如何在零售市場上成為贏家。就因為Taka是製造工廠和零售通路之間沒有中間人，所以Taka可以給買手很好的報價。這份報價為買手達成了兩件事情：（1）日常高獲利；（2）買手在促銷期間可以降到很低的價格。而且Taka對產品品質能有直接的管控，即使偶爾有品質上的小問題，他們也可以馬上處理。Taka在買手面前證明他們具有與零售通路直接做生意的能力，也不需要買手手把手教他們怎麼做。所以當年Taka拿到這家主要零售通路HDMI電線的生意。第二年，這家零售通路把店內HDMI主要品牌下架，只賣Taka幫他們製造的自

有品牌電線，Taka最終成為這家零售通路的唯一HDMI電線供應商。

因為和這家零售通路的生意太重要，Taka也投資在海外出差費用上，每兩三個月就從台灣飛到美國和買手見面建立關係。而在這期間，Ryan也一直保持和商業教練的培訓來提升自己的商業能力。就在他們賣出第一條HDMI電線給這家零售通路的三年後，買手決定把電話充電器的生意也移到Taka。截至今天，Taka總營業額的25%到30%來自這家零售通路，這個成就可以說都是來自於Ryan堅定的毅力和持續學習的心態。

■對客戶展現你作為生意夥伴的決心

在我到零售通路工作之前，我曾經是一個台灣製造廠的業務經理。多年來，這家台灣製造廠很想跟美國密西根州一家零售通路M做生意，但一直無法如願。我們也請了當地的業務代表來幫我們建立關係和提供相關市場資訊，卻還是拿不到M店的單子。

直到有天M店換了新買手。我跟我的業務代表說我們的機會來了。我們要讓這位新買手知道我們可以幫助他們成長生意。於是我們把所有產品線重新再做一次排列，讓產品呈現出最符合M店的銷售方法（這對做過業務的我是很常做的事）。然後我們整理出最新的市場資訊並聯絡買手請他安排一個會議。在我向買手簡報的過程中，買手跟我表示他現在手上的庫存太多，需要有人幫忙清掉庫存。這也就是我們在書中所提到的「Lift inventory」（清倉）。講明白一點就是需要一個新的供應商來買掉他現在手上的庫存，他才能和這個新供應商購買新的產品。在當時這對我們公司來講是一筆大投資，又沒有保證後面生意可以持續多久，這種作法讓我們財務部門非常緊張。但因為當時公司很想要做M店的生意，所以我們很仔細地開始評估這項目的可行性。以下是我所思考的幾個重點：

‧最初清庫存的費用

‧買手的採購承諾——白紙黑字？還是口頭？

‧新生意的獲利率

‧新產品線未來可賣給M店的機會

· 我們團隊的整體士氣

　　經過整個精算和思考之後，我們相信大概需要兩年才能把我們最初的投資打平，買手也同意白紙黑字寫下他的承諾。所以，我們決定去「買」這個生意。想像那個畫面！對買手來說，這就好像我們拿一筆現金在桌上讓他去出清賣不動的庫存，他可以把一區堆積庫存的貨架清乾淨，然後去買好的產品給消費者。這對一個新買手來說可是一件大功勞，因為可以不用花錢把之前買手滯銷的多餘庫存清掉。

　　令人驚訝的是當買手的管理層同意進行清倉動作的時候，原庫存供應商跑去找買手說會處理他們的庫存，就是要把自己的爛庫存買回去，所以買手還是沒有把生意轉給我們。但經過這次事件，買手對我們公司存有很大的感恩之心，因為他知道如果我們沒有把願意清庫存的計畫給他，我們的競爭對手不可能主動出來清自己的庫存。買手認為我們是他的夥伴，開始向我們買一兩樣的小產品以及促銷產品。當時雖然和M店的生意量不大，但是一年之後我們在這個通路的業績成長了一倍。同一年，買手還是決定把我們最想要的主要業務轉到我們公司，而且我們也不必付清任何庫存的費用。對我們來說真是一大勝利，最主要的原因來自我們一開始即表現出願意和買手合作的態度。之後我們從M店得到的生意與最初在談清庫存的時候相比，足足成長了七倍！

　　這個例子說明了如何運用你的資源，讓買手知道你願意和他做生意夥伴的決心。

■貨幣兌換率談判

在90年代之後中國成為美國最重要的貿易夥伴，你隨便在美國任何一家零售店都能看到很多中國製造的產品。貨幣兌換率和所有進口商品的價格有直接的關係，這其中當然也包含人民幣兌美金的兌換率。中國政府對他們的貨幣並不像美國是百分之百的自由兌換，所以人民幣兌美金的兌換率一直都在中國政府的有效掌控之下。當人民幣和美金變動大時會影響很多零售通路的採購成本。

在2015年8月，一直和美金保持穩定匯率的人民幣突然在三天內貶值了3%（精準應該是2.7%）。這個消息對整個美國貿易行業可是件大事。在那之前人民幣和美金的兌換率一直保持在6.2人民幣兌換1美金。這將近3%的人民幣貶值讓很多大型零售通路開始思考他們是否要重新和供應商討論他們的採購價錢。很多中國的工廠一直都有對美國大型通路未出貨的訂單。舉例來說，如果這些未出貨的訂單總數為100,000,000美元的話，那這2.7%的人民幣貶值對通路商等於2,700,000美元，而且是接近淨利。這也難怪當時大部分通路商都跑去找中國供應商要錢。

大部分買手和供應商談判時的策略一開始就錯了。因為這些買手不懂得如何談判，以為好像在菜市場買東西一樣，直接就給供應商一個很高的數字，如4%的價差再準備讓供應商還價。壞就壞在這4%完全沒有計算基礎來支撐。當供應商問他們如何計算4%的時候，很多買手沒有辦法解釋。因此從協商和談判的角度來看，這些買手一開始就失去了正當性。

且因為買手的數字沒有正當性，很多聰明的供應商也回給買手一個沒有正當性的數字，也就是很低的數字如0.5%，他們知道反正買手也不懂得這數字怎麼算出來的。幾次電話來回之後，很多供應商最後就退給買手1%的價錢，供應商之所以有辦法給比2.7%不到一半的價錢就把話題結束是因為買手不懂得如何計算。所以當你協商和談判的時候，多問買手一些問答題，仔細聆聽並同時思考你可用的資源，多做這一步有可能會幫你省很多錢或增加很多利潤。

■專注產品品質

大部分美國大型零售通路每隔一兩年就會把產品品質的話題拿出討論一次。但千萬不要跟你的買手提這話題，因為你一主動提出來，買手大概會跟你說他們每一天都很注重品質。很可惜的是，很多零售通路都是等產品有問題才會提出品質問題。比方說消費者使用某產品受傷，消息還刊登在媒體上，那麼整個零售通路上下就會開始每天談品質問題。對供應商來說，不管出狀況的是不是你的產品，通路商不同部門的人也會來跟你談品質問題，也可能會邀請你去參加一些品質提升的座談會。反正每次牽涉到品質話題的時候，沒有人會去挑戰這個理論的對與錯。我對供應商的建議是：順水流，看機會。

當通路商內部涉及品質問題時，供應商要儘量提出配合的態度。甚至如果你們公司有測試儀器或是訓練教材之類等的特殊資源，這就是你建立關係的時候。當通路商上下都在談這個問題，而你願意用特殊的資源來支持他們，他們當然會把你當作朋友。千萬不要用消極的態度去面對，因為通路商之所以提出品質這類話題有很大的原因是有供應商的產品出了狀況，甚至有人為此丟掉飯碗。在這種緊張的氛圍下，只要任何供應商表現出一絲絲懷疑的態度，他們就會認為這家供應商不適任。請記住，這種情況發生時通路商內部是在處理危機，而不是在製造生意。很多通路商各部門的人員都要為此寫報告給他們的上司，所以如果你在這時可以協助他們把報告做好，那你就會成為他們生意上的好伙伴。所以說

我才會建議順水流，看機會。你可以順著這個水流拉你的買手或者是與你接洽的對象一把，幫他們立下功勞。請注意，雖然這是通路商內部的事情，你們的研發部門也可以保持開放的態度看看有什麼可以借鑑學習之處，也就是你們的產品在哪一方面還有提升的空間。通路商內部也許有人會突然冒出要你們改生產流程或產品設計之類的想法，對你們來說也許不會提升品質，但很重要的是保持開放態度讓通路商知道你們願意一起合作。

碰到這種情況，通路商常常就會把他們自有品牌的產品規格拉得超高，但這也需要一兩年的時間他們才會學到消費者根本就不在乎那種所謂超高的規格，因為這代表的只有價錢高，對使用者卻沒有什麼好處。這時，不用和通路商爭吵他們所提出來超高規格的想法。剛剛講過，在這種一切都要提升品質的氛圍下只要你提出問題，你就是不合作。只要悄悄地把成本加入他們的超高規格產品價錢裡就好了，畢竟規格是他們加上去的，即使殺價也不會殺得太厲害。但是你報價的時候還是要留點空間，讓買手可以往下壓。這是心理學的原理，讓通路商的買手和品質團隊們感覺他們改善並成就了一些事。

這個案例是讓你了解每隔一陣子你可能會被問到有關品質問題。問題來時不用緊張，也許跟你的品質無關，只要知道這個話題過一段時間就會來談一下。有時候是因為別的供應商的產品出了狀況，或者是政府的新規定，他們必須要對供應商重申一些策略；你要做的就是《孫子兵法》裡說的：順著勢，找機會。

■長期產品開發

如果你幫零售通路製造他們自有品牌的產品，他們可能會與你建立長期開發新產品的合作關係，這對供應商而言算是一個好的機會。當通路商的產品開發（PD, Product Development）部門找上你的時候，你應該要有策略性的和他們一起工作，而且要讓你的買手知道每個步驟。太多PD人員找上供應商卻把自己視為買手的角色，很多供應商不懂所以也被他們誤導以為PD可以決定採購。這就是為什麼你必須讓你的買手知道你們的合作步驟，如何拿捏這一層關係非常重要。如果你把關係拿捏得恰當，你就能夠製造很多拓展生意的機會。

我們常見到零售通路的PD團隊會先和買手的管理階層定下產品大方向，所以千萬不能忽視他們的影響力。當PD要你打一些樣品時，你要讓他們知道那些樣品的成本概念，但無須講到太多細節；也就是說你要讓PD感覺你們願意吸收一些費用，如模具費和開發人員工資來和通路一起開發新產品。很多產品開發期很長，中間過程也需要常見面開會討論，而這些會面就是你和買手接近的時機。請注意，和買手一樣，PD人員也有他們自傲的一面，有些人甚至在開發期不願意你和買手見面。如果買手購買PD開發的產品，那你可以和PD繼續合作；如果PD叫你打了很多樣品但是買手都沒有買，那你要讓買手知道，因為這些打樣品終究是你們的成本。**千萬不要**被零售通路的PD把你們研發部門搞得人仰馬翻卻不確定你們會不會拿到這筆生意。這類事情並不少見，有些工廠被

通路商的PD耍了一大圈之後一張訂單也沒有，甚至有的通路商把他們開發出來的樣品拿去給另外一家工廠生產，務必要提防這種事情發生。

你要做的就是讓PD感受到你們優秀的開發能力，但是整個過程需要讓你的買手知道。有一些買手對產品很有興趣，所以他們會在開發期就想參與並提供意見，這對供應商來說是好事。如果買手在開發期花你越多錢，之後他購買那項產品的機率就越高，因為那產品是他的寶貝。但是，一個製造廠終究比零售通路還懂產品，所以你還是要有你的看法，不要把產品開發的太無厘頭。你要有心理準備，萬一這個零售通路決定不買他們自己開發的產品時你要怎麼辦？你要如何把你開發的費用賺回來？這種事情偶爾會發生，尤其是通路商換買手或者是換管理層的時候，所以要加倍小心。

■提前採購承諾換取低價

很多通路商都有一個很大的迷思就是如果他們越早給工廠採購承諾，工廠就可以拿到更低的製造成本或是材料成本。對供應商來說，真正的答案應該是視狀況而定，要視供應商的產品、生產季節及產品的市場需求而定。但是要注意，如果你回答買手「視狀況而定」，他不會滿意這個答案的。因為大型通路商尤其是上市公司內部，會有很多人告訴買手只要越早承諾工廠，就可以越早買材料也就能買得更便宜。這好像我們在說機票越早買越便宜一樣，有一定嗎？但這些公司內部給買手的訊息甚至壓力有時候是來自買手的頂頭上司，所以你不要跟他吵。

我教我的學員們如何應對這種情況：雖然你不用同意通路商的看法，但要表現出願意跟他談這個話題。比如說，你可以問他所謂的提前是提前多久？因為如果只是提前一星期或兩星期大概幫助不大，但也很少通路商會提前承諾一年後或兩年後買一個產品。那他所謂提前是比正常下訂單提前多久呢？當你有了答案，就可以評估這個承諾對你們公司內部是否真有助益，如果對你們公司有幫助，你還能進一步問是否訂單時間可以再更早些。你還需要查下這家通路的過往紀錄，如果他們是先給承諾之後再改來改去，這也許對工廠的生產成本沒有什麼幫助。這種事情常常發生，所以你要讓通路商理解一直更改的承諾等於沒有承諾，結果是沒有省到成本，甚至可能會對你們的生產部門造成困擾。

此外，你在最初報價時可能要放一些空間等他們把這提

前承諾的話題丟出來。等他們談起這個話題時，你的價錢就可以退一點，讓通路商覺得他們的提前承諾有達到效果。最後讓我們將這部分總結一下：

1. 在最初報價時放一點空間以準備對方會提出提前採購承諾這個話題。

2. 當買手提出這個話題，你反問他可以提早多久？如果買手說兩個月，你可以試著推三個月或四個月。你的對話稿可以是：「如果你可以四個月前就提早承諾，我就可以給你 X% 的價差。」千萬不要倒反說：「如果你要這個 % 數的價差，你就要提早四個月給我承諾。」這兩句話不同之處在於第一句話聽起來像是買手可以完全控制這個談判，而第二句話聽起來是買手有義務要提早給你承諾。（請參閱第三章）

3. 確定這個通路商不會隨意更改承諾，在做任何決定前先檢查他們過去的歷史紀錄。

提前承諾也許不是你唯一可以在價錢放空間的方式，但其他的方法也是非常類似。重點是你要讓通路商覺得他們所提的建議是一個很聰明的想法。千萬不要讓他們興致匆匆地提出來，你馬上打臉說這個沒有用，因為買手之後很可能會在其他事情上反咬你一口，這就是買手自傲心態，所以沒事就不需要去製造這種難堪的氣氛。

■降價金的協商

很多零售通路商在產品銷售不如預期時就會要求供應商提供降價金來降低零售價。產品銷售要是太慢,很多買手就認為產品降價是理所當然的事。雖然促進銷售的方式還有很多種,但買手喜歡這種方式是因為價錢是他們可以直接控制的。而且,如果是由供應商來承擔新價錢和原價的差額,那買手根本不會在乎。這對很多供應商來說不盡公平,有時候銷售不如預期並不一定是供應商產品的錯。儘管如此,買手還是常常向供應商要降價金,尤其是在產品季節快結束的時候。

作為一個供應商,其實你可以先做一些事情來避免這種不公平的降價金,畢竟降價金每一分錢都是你們公司的獲利,你有責任去守住。當你要花公司的錢時,要知道怎麼花,花在哪裡對公司最好,如果你不想把公司的錢如此地揮霍,那你就必須要做一點功課。

你的產品在店裡面被如何陳列這個動作叫做執行,英文叫 Execution。你可以去店裡看看你的產品是否擺設的正確。他們把你的產品陳列在哪裡?你的產品在店裡面有足夠的能見度嗎?你可以做這些細節的分析然後分享給買手。也許你只能看到通路的一兩家店,但美國有很多這種替供應商去連鎖通路店裡勘查商品陳列的服務,你可以請他們幫你來執行這部分。如果看到你的產品在店裡執行不佳可能會影響到銷售,你要記錄下來讓買手知道。但要注意跟買手說話的態度,要用幫助他們銷售的口吻,而不是去挑戰通路商執行有

問題。這些都是未來買手想要降價金時可以保護自己的證據，因為你可以讓買手知道賣不好是他們執行的問題，而不是你產品的問題。你可以提醒買手之前在郵件中已經提醒過他了，如果你可以列出這些事實，每當買手向你要降價金，你就可以爭取把數字降到最低，最後雖然給了通路商一小筆降價金，但也讓對方感覺到你在幫他們促進銷售。

　　跟通路商處理降價金的協商有很多種方法。只要你做一些功課，看好公司的荷包，儘量減少這部分的支出就可以幫你們公司省下很多錢。

■產品召回

如果發現產品有嚴重的品質問題比如說會傷到人，零售通路會要求供應商召回產品，這是供應商最大的惡夢。從零售通路的角度來看，產品召回有不同等級，對供應商也有等級不一的成本支出。我們來看看四個不同的案例。

案例一，退貨率高是因為產品功能無法達到消費者預期。但這不一定是品質問題，很多產品通過實驗室的測試，但消費者所預期的結果和實驗室工程師不同。舉例來說，消費者把LED燈泡手電筒拿去退貨是因為不夠明亮，這亮度本身已通過實驗室的測試，但消費者使用時以為會更亮。這種消費者拿回去退貨的情況只因為與他們預期有落差，零售通路買手有可能會請供應商：（1）負擔所有退貨的費用；（2）付降價金把產品降低價格推銷出去；（3）將目前店裡的貨全數退貨給供應商。

案例二，產品退貨率還在能接受的範圍但卻造成一些傷害。比如上面所提的LED手電筒造成三個不同消費者家中起火，供應商說這三個事件都屬於個案。雖然沒有造成任何人傷亡，但通路商還是決定把所有庫存下架退給供應商。在這種情形下，供應商仍然可以把退回來的貨拿去賣給第三方專門清退貨的公司。雖然供應商會因此虧錢，但這麼做也是幫了零售通路及買手處理這批所謂「麻煩產品」的問題，彼此仍然可以保持好的關係，未來生意上的往來也不會受到太大的影響。

案例三，產品已經被定義成危險產品，也已經有幾位消費者因為使用這產品而受傷。通路商不但把產品下貨架，而且通知所有已購買此產品的消費者拿回來退貨。遇到這種情況，供應商必須付出大筆費用，主動地去了解產品不良的原因及為何在生產過程中沒有發現。供應商必須要讓買手知道，是因為產品設計不良還是生產過程有瑕疵，而買手也會被公司要求做一個完整的報告來說明原因。這時候供應商需要思考如何把傷害降到最低再來討論未來的生意。如果供應商沒有把消費者的事情處理好，有時候通路商會走法律途徑來解決。

　　案例四，產品被美國的消費者產品安全協會CPSC（Consumer Product Safety Commission）下令召回。這個事情就非常嚴重了，供應商必須要和律師商談如何處理消費者和通路商兩方面的反應，對供應商所造成的傷害不但有金錢的損失而且需要走法律途徑兩方面來解決。

　　跟許多商業上的案例一樣，品質問題的賠償可以協調，但你不能等事情發生而不知如何處理，必須先做好功課。此外，一個好的供應商不要怕負責任，因為如果沒有扛起責任，別忘了壞消息可是會很快地傳遍千里，如果任何一家通路商對你不滿意，別家通路商很快也會知道。

■黑色星期五（黑五）促銷案

過去10年來，美國各零售通路對促銷案越來越具新意，原本一年一天的黑色星期五促銷案也演變成一整個星期的促銷。雖然黑五已經不是全年唯一的大促銷案，但對零售通路仍然是非常重要的促銷時機，這時供應商應該要想辦法在這時候搶占一些產品市占率。

跟其他促銷案不同之處在於，黑五的促銷案通路商會需要一些能夠吸引消費者進門的主力產品，很多通路商也會因價格太低而虧錢。通路買手會要求供應商給他們超低的價錢，衡量標準就是這個價格折扣會低到消費者願意在美國的11月某天早上四點鐘（有的網站半夜12點就已開始）到店家外面排隊等著進門購買。如果價格沒有讓消費者有這樣的動力去排隊搶購，那通路商就不會把這個產品放到廣告上。

大型通路商買手大概會在三月、四月左右就開始尋找黑五的產品。因為黑五的促銷案會影響到整個零售通路當年年聖誕節促銷的士氣，各通路商買手都會提早提交產品讓管理層來批准，有的通路商甚至要上呈產品促銷案到執行長層面。可以想像買手的壓力有多大，所以他們針對黑五勢必要提前部署。拿到生意的供應商大概會在七月分被通知生產然後出貨。但偶爾會發生的情況是，如果買手在九月分或十月分還在詢問黑五的產品，就表示有其他供應商沒有辦法即時出貨。

作為一個好的供應商需要嘗試著拿到一些黑五產品的機會，下面是黑五產品對供應商的好處：

1. 銷售量大，可藉機提高市占率。
2. 廣告量大，產品在市場能見度大增。
3. 如果產品銷售成功，買手勢必成為公司裡炙手可熱的員工，供應商可藉此與其建立良好關係。

　　要記得，通路商在黑五促銷期間的利潤很低甚至沒利潤，所以你要視你們公司的狀況來支持他們的促銷案。換句話來思考，你們願意拿這筆幾乎沒有利潤的生意嗎？另外還有時間性的考量，買手會在三、四月分就開始看黑五的產品，供應商內部可能在一月分就需要討論產品的選擇及價錢，這也是為什麼在聖誕節期間，你和你的團隊最好去零售通路巡店，好好準備下一年的黑五促銷，12個月前開始醞釀都不算太早。

■不要去求（跪求）生意

　　求客戶下訂單是非常老派生意人的做法，也許是三、四十年前貿易商普遍做生意的態度。不客氣的說，當時在亞洲只要會講英文就可以做貿易，很多貿易商對本書所談的內容也沒有什麼概念。所以看到很多老闆教業務的就是求客戶下訂單，帶客戶去吃飯喝酒等等。那個年代已經是過去式了，要知道，現在如果你求客戶下訂單給你，你大概也要每天求他不要把你踢出去。如果這樣做生意，你每天還快樂得起來嗎？如果你的產品好也有好的計畫，買手即使不買，他也會想一下你之後會把產品拿給誰看。買手要考慮如果你把產品賣給他的競爭對手，結果真的賣得嚇嚇叫，那他怎麼對他們公司交代？這種情況的前提是你的產品真的是好產品，有機會能創造很高的銷售業績。這跟每個人在職場上求職一樣，你自己本身能力要夠強，能夠讓這個面試官看出你可以為公司貢獻的地方，你才可以要求更高的薪水。如果面試官拒絕你，他要考慮如果你加入他們的競爭對手行列那怎麼辦？如果你真的很強，你就不需要求這個公司「給」你一個工作，自動會有很多人來挖角你。一直去求買手會製造詭異的氣氛，買手可能會懷疑是不是你們的產品乏人問津，導致他可能也不敢買。

　　所以，當你有跟買手求訂單的想法時，請運用你的想像力去創造不同的生意方式來達到你的目標。你可以先從個人層面提升自己，再來提升你的產品、行銷策略和你們整個團隊。你要以創意的方式運用你的資本和資源來增加你的生

意，如此才是長遠之計，而你在商場上也才有完全的主控權。最重要的是，主控權就是自由。人生一大部分的快樂是來自於自由，而成就快樂就掌握在你的手中，這也是我們想要獲得更多生意的原因，讓我們一起加油吧！

國家圖書館出版品預行編目資料

進軍美國零售通路的祕密／陳坤廷 著. --初
版.--臺中市：白象文化事業有限公司，2021.4
　　面；　公分.——（商智典；19）

ISBN 978-986-5559-99-1（平裝）

1. 零售市場 2. 市場分析 3. 美國
496.554　　　　　　　　　　　110002727

商智典（19）

進軍美國零售通路的祕密

作　　者　陳坤廷Steven Chen
編輯整理　林靖芸Crystal Chin-Yun Lin
校　　對　陳坤廷、林金郎
專案主編　陳逸儒
出版編印　吳適意、林榮威、林孟侃、陳逸儒、黃麗穎
設計創意　張禮南、何佳諠
經銷推廣　李莉吟、莊博亞、劉育姍、王堉瑞
經紀企劃　張輝潭、洪怡欣、徐錦淳、黃姿虹
營運管理　林金郎、曾千熏
發 行 人　張輝潭
出版發行　白象文化事業有限公司
　　　　　412台中市大里區科技路1號8樓之2（台中軟體園區）
　　　　　出版專線：（04）2496-5995　　傳真：（04）2496-9901
　　　　　401台中市東區和平街228巷44號（經銷部）
　　　　　購書專線：（04）2220-8589　　傳真：（04）2220-8505
印　　刷　基盛印刷工場
初版一刷　2021 年 4 月
定　　價　380 元